云南木本森林蔬菜

孟梦 陈伟 李云琴 编著

中国林业出版社

YUN NAN
MU BEN
SEN LIN
SHU CAI

《云南木本森林蔬菜》
编委会

主　　编　孟　梦　陈　伟　李云琴

副 主 编　付玉嫔　周　云　司马永康　邱　琼

编　　委　刘恒鹏　周　晓　裴艳辉　杨　斌　耿云芬　张　群　李　江
罗　婷　常恩福　冯　弦　胡光辉　刘永刚

摄　　影　陈　伟　孟　梦　司马永康　呼延丽　曾佑派　喻勋林　陈又生
李光敏　徐克学　徐永福　姜云传　黄　健　黄江华　吴棣飞
李策宏　侏仁斌　周建军　朱鑫鑫　周欣欣　徐晔春　武　晶
扈文芳　沈卓民　刘　昂

资助项目平台

云南省重点研发项目（202202AE090009）
中央财政林草科技推广项目（[2024]TG26）
云南省森林植物培育与开发利用重点实验室

图书在版编目（CIP）数据

云南木本森林蔬菜 / 孟梦，陈伟，李云琴编著 .
北京：中国林业出版社，2025. 5. —ISBN 978-7-5219-3235-5
Ⅰ. S647
中国国家版本馆 CIP 数据核字第 2025JB1987 号

责任编辑：印芳

出版发行：中国林业出版社
（100009 北京市西城区刘海胡同 7 号）
电话：010-83143565
印刷：北京博海升彩色印刷有限公司
版次：2025 年 6 月第 1 版
印次：2025 年 6 月第 1 次
开本：185mm x 260mm 1/16
印张：19
字数：280 千字
定价：168 元

前言

云南省位于中国西南边陲，多样的地形地貌和丰富的气候类型造就了丰富的植物资源，素有“植物王国”的美誉。种类繁多的“山野菜”在青山碧水间吸收大自然的精华，成为藏在森林里的珍品。云南也是我国少数民族最多的省份，25 个少数民族在这里与森林世代相伴，在长期的生活实践中形成了对区域分布植物的独特认知，利用丰富的可食用森林植物创造了琳琅满目、特色鲜明的美食文化。

随着旅游业的发展，游人沉浸于云南多彩的自然风光，感受别样的民族风情，更少不了品尝当地特色美食，尤其对森林蔬菜青睐有加。广大人民群众对多元化食物的需求正趋于旺盛，森林蔬菜这一特色森林食品也备受关注，阔步出山正当时。

森林蔬菜概念宽泛，包括可作为蔬菜食用的森林植物、真菌、藻类等。由于人员精力有限，我们的研究聚焦于木本可食用的森林植物，统称为木本森林蔬菜。禾本科竹亚科多为多年生乔木状、灌木状物种，且竹笋是重要、常见的森林蔬菜，故将可食用竹类也纳入木本森林蔬菜范畴。

为了系统研究，我们查阅了地方志、植物志、药物志、风物志和食谱等各种文献资料，并多次对云南全省 16 个州市开展了野外资源和市场调查。通过植物分类学鉴定进行归类，记录云南省木本森林蔬菜共计 277 种，分属于 71 科 175 属，其中 247 个物种采集到标本或拍摄到照片，故本书集中呈现这 247 种。当前这些物种多处于野生状态，大部分还未进行人工栽培。

本书就云南主要木本森林蔬菜的别（俗）名、形态特征、主要分布范围、食用部位、传统采食时间和食用方法等进行了介绍。为方便识别，每个物种均附有展示主要形态特征的彩色照片。

由于作者水平有限，疏漏之处在所难免，敬请读者指正。

因许多物种的形态具有相似性，非专业人员难以准确区分，切忌按图采食相似的植物，以免中毒；部分物种有微毒，需经漂洗等流程加工烹饪再适量食用。

编者

2025 年 4 月

目录

1 总论

2 茎梢

3 叶

4 花

5 果实

6 种子

7 根

8 树皮

9 笋

总论

森林在国家生态安全和人类经济社会可持续发展中发挥着基础性、战略性的作用。它不仅是“水库、碳库、钱库”，还是人类食物的“宝库”。云南是我国生物资源大省，也是生物多样性最为丰富的地区之一，向森林要食物潜力巨大，优势明显。云南的森林食品具有多样性、特有性、新奇性等特点(王达明，2023)。发展包括木本森林蔬菜在内的森林食品，是解决粮食问题，发展大食物观的重要方法，也是建设现代林业产业体系的重要内容；发展木本森林蔬菜，不仅可以满足人民群众对饮食多样化的需求，还可以促进林下经济发展，辅助森林康养和森林旅游产业的提质增效，促进乡村振兴。

一、木本森林蔬菜的概念

木本森林蔬菜指源自森林环境，茎梢、叶、花、果、种子、茎干、根、皮等可作蔬菜食用的乔木、灌木及多年生藤本植物，即常说的长在树上的“山野菜”。因其多生长于山坡林中、林缘、田间地头、灌丛草地、沟边荒野等不受人为干扰或人为干扰较少的地区，无环境污染或受污染极轻，是天然的无公害绿色食品。木本森林蔬菜富含人体所需的蛋白质、脂肪、糖类、微量元素和维生素等营养物质，部分木本森林蔬菜还富含特殊的药用成分，具有一定的食疗作用，《本草纲目》《食性本草》《植物名实图考长编》等著作都有大量以野菜治病和食疗保健的记载。

二、社会需求助推木本森林蔬菜产业发展

木本森林蔬菜作为森林食品，是主栽蔬菜品种的补充。因其种类地域性强，生长季节性明显，产量、质量不稳定，长期以来人们仅是采集森林中自然生长或在自家田边、屋旁少量种植的物种食用，没有规模化种植，香椿(*Toona sinensis*)、花椒(*Zanthoxylum bungeanum*)、刺五加(*Eleutherococcus senticosus*)、臭菜(*Acacia pennata*)等都是代表性物种。20 世纪 80 年代，随着我国经济社会的发展，人们的消费需求也在逐步发生变化，对食品的需求已由过去单纯的温饱型向营养型、保健型、功能型、健康型转变，在食品的选择上不仅要求营养美味，而且更加注重天然、生态、安全、健康，对森林蔬菜关注程度也逐步升温，开始有农户在自有田地上扩大种植规模，有意识采集后在周边集市售卖。相关的科研机构也开始关注到森林蔬菜并启动了相关研究，着重从民族植物学、植物分类学、营养功效、栽培技术、民族文化等(王洁如等，2005；刘怡涛等，2001，2002，2007；刘胤璇，2016；李莲芳等，2005；邵桦等，2017；李卫芬等，2010；杨奕等，2017；谢雨等，2016)方向开展了系列的研究。以云南为例，科技工作者在前期研究基础上，筛选出了守宫木(*Sauropus androgynus*)、长蕊甜菜树(*Champereia manillana*)、楤木(*Aralia elata*)等口感好、营养丰富、市场认知度高、价值较高、推广前景好的种类，通过良种选育、苗木扩繁和高效栽培等技术的攻关，突破了部分物种的人工种植技术瓶颈，开始规模化地推广种植。但随着绿色、健康理念的增强，市场对木本森林蔬菜的需求也进一步增大，木本森林蔬菜产业化发展前景广阔，产业的科技支撑和资源的挖掘也显得尤为紧迫。云南是我国植物种类最多的省份，热带、亚热带、温带、寒温带等植物类型都有分布，古老的、衍生的植物类群很多。全省有高等植物 19333 种，占全国的 50.1%，分布的国家重点保护野生植物有 542 种，约占全国种类数量的 48.1%，其中有 212 种仅分布于被誉为“植物王国”的云南；同时云南也是我国少数民族最多的省份，人口在 6000 人以上的世居少数民族有 25 个，其中哈尼族、白族、傣族等 15 个为云南特有少数民族(赵增昆，2024)，各少数民族在长期的实践中形成了对区域分布植物的独特认知，具有独特的利用传统，掌握了丰富的关于森林蔬菜的土著知识(杨奕等，2017)；此外，云南还有丰富的森林资源，据 2021 年度资源调查数据，全省森林覆盖率为

55.25%，森林面积为 2117.03 万公顷（赵增昆，2024），广阔的森林中蕴藏了丰富的木本蔬菜资源。开展云南木本森林蔬菜资源的调查研究，摸清资源种类、分布、食用地区，系统整理传统知识，对资源的科学保护具有重要的意义，也是木本森林蔬菜资源开发利用和产业健康发展的基础性工作。

三、云南木本森林蔬菜资源状况

《云南木本森林蔬菜》基于云南省重点研发项目“木本森林蔬菜绿色种植关键技术研究与示范”的调查结论而成。该项目采用民族植物学（裴盛基等，2007）与文献查阅相结合的方法进行调查，于 2021 年 6 月至 2024 年 9 月在全省范围内开展集中调查，重点区域为少数民族较为集中、植物资源较为富集的滇南、滇西南、滇西等地；通过走访调查当地大型农贸市场、地方特色餐馆，采用“提问法”（裴盛基等，1998）对当地居民进行调查；记录每一种木本森林蔬菜植物的当地俗名、食用部位、食用方法、采集地点、销售情况及百姓认知等。对调查到的木本森林蔬菜植物进行实地考察，拍摄照片并采集植物标本，进行植物学分类鉴定；查阅和收集与云南各少数民族利用植物资源有关的地方志、植物志、药物志、风物志和食谱等各种文献资料（朱兆云，2004；刘旭等，2013,2014；戴陆园等，2013；黄兴奇，2008；许又凯等，2002；王达明等，2023；郑殿升等，2013），并对其进行分析和研究，相关数据与实地调查数据一并汇总分析；禾本科为草本植物，竹亚科的物种多为乔木状或灌木状，其竹笋是重要的、较为常见和认知度较高的森林蔬菜种类，所以本书将乔本状和灌木状的可食竹类也纳入木本森林蔬菜资源范畴。

（一）云南木本森林蔬菜资源的物种组成

云南省木本森林蔬菜资源十分丰富，共统计到物种数为 247 种，在植物分类学上分属于 71 科 170 属，物种基本信息见表 1。

表 1 云南木本森林蔬菜资源

序号	中文名	学名	科名	食用部位	食用	食用区域	季节
1	菝葜	*Smilax china* Linnaeus	菝葜科 Smilacaceae	茎梢	炒	滇西	春
2	白花酸藤果	*Embelia ribes* N. L. Burman	紫金牛科 Myrsinaceae	茎梢、果实	生食、煮	滇南	春、夏
3	白簕	*Eleutherococcus trifoliatus* (Linnaeus) S. Y. Hu	五加科 Araliaceae	茎梢、叶	凉拌、炒	全省	四季
4	白肉榕	*Ficus vasculosa* Wallich ex Miquel	桑科 Moraceae	茎梢	炒煮	滇南	四季
5	扁核木	*Prinsepia utilis* Royle	蔷薇科 Rosaceae	茎梢、果实	腌制、煮、榨油	滇西北	春、夏、秋
6	滨木患	*Arytera litoralis* Blume	无患子科 Sapindaceae	茎梢	煮	滇南	春
7	波缘大参	*Macropanax undulatus* (Wallich ex G. Don) Seemann	五加科 Araliaceae	茎梢	炒、凉拌、煮	滇南、滇西南	四季
8	藏药木	*Hyptianthera stricta* (Roxburgh) Wight & Arnott	茜草科 Rubiaceae	茎梢	腌制	滇南	春、夏

（续）

序号	中文名	学名	科名	食用部位	食用	食用区域	季节
9	赤苍藤	*Erythropalum scandens* Blume	赤苍藤科 Erythropalaceae	茎梢、叶	炒、煮	滇南	春
10	刺葵	*Phoenix loureiroi* Kunth	棕榈科 Arecaceae (Palmae)	茎梢	炒	滇南	春
11	刺通草	*Trevesia palmata* (Roxburgh ex Lindley) Visiani	五加科 Araliaceae	茎梢、花序	煮、炒、生食	滇西	春
12	刺五加	*Eleutherococcus senticosus* (Ruprecht & Maximowicz) Maximowicz	五加科 Araliaceae	茎梢	凉拌、炒	滇南	四季
13	楤木	*Aralia chinensis* Linnaeus	五加科 Araliaceae	茎梢	炒、凉拌	滇东北、滇中	春、夏
14	粗毛楤木	*Aralia searelliana* Dunn	五加科 Araliaceae	茎梢	炒	滇南	春、夏
15	大参	*Macropanax dispermus* (Blume) Kuntze	五加科 Araliaceae	茎梢	炒、煎、凉拌、煮	滇东南	四季
16	灯油藤	*Celastrus paniculatus* Willdenow	卫矛科 Celastraceae	茎梢	炒、煮	滇南	春
17	滇白珠	*Gaultheria leucocarpa* var. *yunnanensis* (Franchet) T.Z.Hsu & R.C. Fang	杜鹃花科 Ericaceae	茎梢	炒	—	春
18	滇油杉	*Keteleeria evelyniana* Masters	松科 Pinaceae	茎梢	炒、凉拌	滇中	春
19	董棕	*Caryota obtusa* Griffith	棕榈科 Arecaceae (Palmae)	茎梢、髓心	炒、生食、提淀粉	滇西北	春、夏
20	冻绿	*Rhamnus utilis* Decaisne	鼠李科 Rhamnaceae	茎梢	炒	滇东北	春、夏
21	短梗酸藤子	*Embelia sessiliflora* Kurz	紫金牛科 Myrsinaceae	茎梢、果	生食、凉拌	滇西南	春、夏
22	短穗鱼尾葵	*Caryota mitis* Loureiro	棕榈科 Arecaceae (Palmae)	茎梢、髓心	炒、提淀粉	滇南	四季
23	多蕊肖菝葜	*Smilax polyandra* (Gagnepain) P. Li & C. X. Fu	菝葜科 Smilacaceae	茎梢、果	炒、生食	滇西南	春
24	枸杞	*Lycium chinense* Miller	茄科 Solanaceae	茎梢、果实	炒、煮	全省	春、秋
25	海州常山	*Clerodendrum trichotomum* Thunberg	马鞭草科 Verbenaceae	茎梢	煮	滇中	春、夏
26	厚壳树	*Ehretia acuminata* R. Brown	紫草科 Boraginaceae	茎梢	煮、代茶	滇西南	春
27	花椒	*Zanthoxylum bungeanum* Maximowicz	芸香科 Rutaceae	茎梢、叶、果实	炒、佐料、煎、凉拌、炸	全省	春、夏、秋
28	黄葛树	*Ficus virens* Aiton	桑科 Moraceae	茎梢	煮、炒、生食	滇南	春
29	黄槿	*Talipariti tiliaceum* (Linnaeus) Fryxell	锦葵科 Malvaceae	茎梢、花	凉拌、炒	—	春、夏、秋
30	黄檀	*Dalbergia hupeana* Hance	蝶形花科 Papilionaceae	茎梢	凉拌、炒	—	春
31	假通草	*Brassaiopsis ciliata* Dunn	五加科 Araliaceae	茎梢	炒	滇东南	春、夏

（续）

序号	中文名	学名	科名	食用部位	食用	食用区域	季节
32	金刚纂	*Euphorbia neriifolia* Linnaeus	大戟科 Euphorbiaceae	茎梢	炒、煮、入药	滇南	四季
33	茎花山柚	*Champereia manillana* var. *longistaminea* (W. Z. Li) H. S. Kiu	山柚子科 Opiliaceae	茎梢、花序	煮、炒、腌制	滇中南、滇东南	春、夏
34	聚果榕	*Ficus racemosa* Linnaeus	桑科 Moraceae	茎梢、果	炒、煮	滇南	春、夏、秋
35	毛梾	*Cornus walteri* Wangerin	山茱萸科 Cornaceae	茎梢、果实	炒	滇西北	春、秋
36	毛蛇藤	*Colubrina javanica* Miquel	鼠李科 Rhamnaceae	茎梢	煮、炒	滇中南	春、夏
37	木鳖子	*Momordica cochinchinensis* (Loureiro) Sprengel	葫芦科 Cucurbitaceae	茎梢、果实	凉拌、炒	滇南	春
38	糯竹	*Cephalostachyum pergracile* Munro	禾本科 Poaceae	茎梢、笋	煮、竹筒饭	滇南、滇西南	四季
39	苹果榕	*Ficus oligodon* Miquel	桑科 Moraceae	茎梢、果实	炒、煮	滇南	春、夏
40	青荚叶	*Helwingia japonica* (Thunberg) F. Dietrich	山茱萸科 Cornaceae	茎梢	凉拌、煮蒸	—	春
41	砂糖椰子	*Arenga pinnata* (Wurmb) Merrill	棕榈科 Arecaceae (Palmae)	茎梢	炒、淀粉粥	滇南	春
42	守宫木	*Sauropus androgynus* (Linnaeus) Merrill	大戟科 Euphorbiaceae	茎梢	煮、炒	滇南	春、夏
43	水麻	*Debregeasia orientalis* C. J. Chen	荨麻科 Urticaceae	茎梢	炒、煮、炖	—	春
44	酸薹菜	*Ardisia solanacea* Roxburgh	紫金牛科 Myrsinaceae	茎梢	生食、凉拌	滇南	春
45	酸叶胶藤	*Urceola rosea* (Hooker & Arnott) D. J. Middleton	夹竹桃科 Apocynaceae	茎梢	煮	滇南	春
46	藤金合欢	*Acacia concinna* (Willdenow) Candolle	含羞草科 Mimosaceae	茎梢	炒、煮	滇南	春
47	西垂茉莉	*Clerodendrum griffithianum* C. B. Clarke	马鞭草科 Verbenaceae	茎梢	煮、炒	滇西	春、夏
48	西南粗糠树	*Ehretia corylifolia* C. H. Wright	紫草科 Boraginaceae	茎梢	炒、凉拌	滇西	春、夏
49	香椿	*Toona sinensis* (A. Jussieu) M. Roemer	楝科 Meliaceae	茎梢、种子	炒、凉拌、炸、煎	全省	春
50	野楤头	*Aralia armata* (Wallich ex G. Don) Seemann	五加科 Araliaceae	茎梢	炒	滇南	春、夏
51	异叶梁王茶	*Metapanax delavayi* (Franchet) J. Wen & Frodin	五加科 Araliaceae	茎梢	炒、凉拌	滇西北	春、夏
52	硬核	*Scleropyrum wallichianum* (Wight & Arnott) Arnott	檀香科 Santalaceae	茎梢、果	炒	滇南	春、秋
53	硬皮榕	*Ficus callosa* Willdenow	桑科 Moraceae	茎梢	煮、炒	滇南	春、夏
54	柚	*Citrus maxima* (Burman) Merrill	芸香科 Rutaceae	茎梢、叶	煮、佐料	—	春

（续）

序号	中文名	学名	科名	食用部位	食用	食用区域	季节
55	鱼尾葵	*Caryota maxima* Blume ex Martius	棕榈科 Arecaceae (Palmae)	茎梢、髓心、花序	炒、煮	滇南	春
56	羽叶金合欢	*Acacia pennata* (Linnaeus) Willdenow	含羞草科 Mimosaceae	茎梢	煎、炒、煮	滇南、滇西南	春、夏
57	长刺楤木	*Aralia spinifolia* Merrill	五加科 Araliaceae	茎梢	炒	—	春、夏
58	掌叶梁王茶	*Metapanax davidii* (Franch.) J. Wen ex Frodin	五加科 Araliaceae	茎梢	炒、凉拌	滇中	春
59	中国苦树	*Picrasma chinensis* P. Y. Chen	苦木科 Simaroubaceae	茎梢	凉拌	滇南	春
60	皱荚藤儿茶	*Senegalia rugata* (Lamarck) Britton & Rose	含羞草科 Mimosaceae	茎梢	炒、煮	—	春
61	竹叶花椒	*Zanthoxylum armatum* Candolle	芸香科 Rutaceae	茎梢、叶、果实	炒、煎、佐料	滇中	春、夏
62	苎麻	*Boehmeria nivea* (Linnaeus) Gaudichaud-Beaupré	荨麻科 Urticaceae	茎梢、根	凉拌、炒、煮	—	春、夏
63	白木通	*Akebia trifoliata* subsp. *australis* (Diels) T. Shimizu	木通科 Lardizabalaceae	叶	炒、代茶	滇中	春
64	斑果藤	*Stixis suaveolens* (Roxburgh) Pierre	山柑科 Capparidaceae	叶	煮、代茶	滇东南	春
65	薄叶崖豆	*Millettia pubinervis* Kurz	蝶形花科 Papilionaceae	叶	煮	滇南	春
66	篦齿苏铁	*Cycas pectinata* Buchanan-Hamilton	苏铁科 Cycadaceae	叶梢、种子	炒、提淀粉	滇南	春、秋
67	臭椿	*Ailanthus altissima* (Miller) Swingle	苦木科 Simaroubaceae	叶梢	凉拌、炒	—	春
68	刺楸	*Kalopanax septemlobus* (Thunberg) Koidzumi	五加科 Araliaceae	叶梢	凉拌、炒、煮	—	春
69	刺桐	*Erythrina variegata* Linnaeus	蝶形花科 Papilionaceae	叶、花	炒	—	春
70	大果榕	*Ficus auriculata* Loureiro	桑科 Moraceae	叶、果	煮、炒	滇南、滇西南	春、夏
71	滇皂荚	*Gleditsia japonica* var. *delavayi* (Franchet) L. C. Li	苏木科 Caesalpiniaceae	叶、种子	炒	—	春、秋
72	冬青	*Ilex chinensis* Sims	冬青科 Aquifoliaceae	叶	炒	—	春
73	豆腐柴	*Premna microphylla* Turczaninow	唇形科 Lamiaceae	叶	炒、凉拌、制作观音豆腐	—	春、夏
74	杜仲	*Eucommia ulmoides* Oliver	杜仲科 Eucommiaceae	叶	煎、煮、炖	—	春
75	胡枝子	*Lespedeza bicolor* Turczaninow	蝶形花科 Papilionaceae	叶、种子	煮、叶可泡茶、榨油	—	春、秋
76	黄连木	*Pistacia chinensis* Bunge	漆树科 Anacardiaceae	叶	炒、煎	—	春
77	鸡嗉子榕	*Ficus semicordata* Buchanan-Hamilton ex Smith	桑科 Moraceae	叶、果实	炒、煮	滇南	春、夏

（续）

序号	中文名	学名	科名	食用部位	食用	食用区域	季节
78	苦树	*Picrasma quassioides* (D. Don) Bennett	苦木科 Simaroubaceae	叶	炒	—	春
79	昆明榆	*Ulmus changii* var. *kunmingensis* (W. C. Cheng) W. C. Cheng & L. K. Fu	榆科 Ulmaceae	叶、果	凉拌、炒、蒸、煮	滇中	春
80	辣木	*Moringa oleifera* Lamarck	辣木科 Moringaceae	叶、花	炒、煮	滇南	四季
81	南蛇藤	*Celastrus orbiculatus* Thunberg	卫矛科 Celastraceae	叶	炒、凉拌	滇南	四季
82	南烛	*Vaccinium bracteatum* Thunberg	杜鹃花科 Ericaceae	叶、果	蒸、配料、乌饭	滇东南	四季
83	普洱茶	*Camellia sinensis* var. *assamica* (J. W. Masters) Kitamura	山茶科 Theaceae	叶	腌制、凉拌、炸	滇南	春、夏、秋
84	秋枫	*Bischofia javanica* Blume	大戟科 Euphorbiaceae	叶	炒	滇南	春
85	桑	*Morus alba* Linnaeus	桑科 Moraceae	叶、花序、果实	炒	滇中	春、夏
86	山黄麻	*Trema tomentosa* (Roxburgh) H. Hara	大麻科 Cannabaceae	叶	煮、凉拌	滇南	春、夏
87	蛇藤	*Colubrina asiatica* (Linnaeus) Brongniart	鼠李科 Rhamnaceae	叶	炒、凉拌	—	春
88	树头菜	*Crateva unilocularis* Buchanan-Hamilton	山柑科 Capparidaceae	叶梢	腌制、炒、煮	滇西、滇南、滇西南	春、夏
89	细毛樟	*Camphora tenuipilis* (Kostermans) Y. Yang, Bing Liu & Zhi Yang	樟科 Lauraceae	叶	佐料	滇南、滇西	四季
90	细青皮	*Altingia excelsa* Noronha	蕈树科 Altingiaceae	叶梢	炒	滇南	春
91	香叶树	*Lindera communis* Hemsley	樟科 Lauraceae	叶、果实	佐料	滇南	四季
92	香叶樟	*Neocinnamomum delavayi* (Lecomte) H. Liu	樟科 Lauraceae	枝叶	佐料	—	四季
93	香橼	*Citrus medica* Linnaeus	芸香科 Rutaceae	叶、果实	煮、佐料	滇南	春、秋
94	旋花茄	*Solanum spirale* Roxburgh	茄科 Solanaceae	叶	煮、炒	滇南	春
95	圆锥菝葜	*Smilax bracteata* C. Presl	菝葜科 Smilacaceae	叶	炒	滇南	春、夏
96	中国无忧花	*Saraca dives* Pierre	苏木科 Caesalpiniaceae	叶、花	炒、煮	滇南	春
97	梓树	*Catalpa ovata* G. Don	紫葳科 Bignoniaceae	叶	炒	—	春、夏
98	鞍叶羊蹄甲	*Bauhinia brachycarpa* Wallich ex Bentham	苏木科 Caesalpiniaceae	花	炒、煮	—	春、夏
99	白刺槐	*Sophora davidii* (Franchet) Skeels	蝶形花科 Papilionaceae	花	炒	滇中、滇东南	春、夏
100	白花洋紫荆	*Bauhinia variegata* var. *candida* (Aiton) Voigt	苏木科 Caesalpiniaceae	花、嫩果	炒、煮	全省	春、夏

（续）

序号	中文名	学名	科名	食用部位	食用	食用区域	季节
101	白玉兰	*Yulania denudata* (Desrousseaux) D. L. Fu	木兰科 Magnoliaceae	花	炸、煎、配菜	滇西	春
102	槟榔	*Areca catechu* Linnaeus	棕榈科 Arecaceae (Palmae)	花	炒、包烧	滇南	春
103	赪桐	*Clerodendrum japonicum* (Thunberg) Sweet	马鞭草科 Verbenaceae	花	煮	滇南	春、夏、秋
104	臭牡丹	*Clerodendrum bungei* Steudel	马鞭草科 Verbenaceae	花、嫩叶	煮、炖	—	夏、秋
105	川梨	*Pyrus pashia* Buchanan-Hamilton ex D. Don	蔷薇科 Rosaceae	花	炒	全省	春
106	刺槐	*Robinia pseudoacacia* Linnaeus	蝶形花科 Papilionaceae	花	煎、炒	滇中	春
107	大白花杜鹃	*Rhododendron decorum* Franchet	杜鹃花科 Ericaceae	花	炒、煮	滇中、滇西北	春
108	大果油麻藤	*Mucuna macrocarpa* Wallich	蝶形花科 Papilionaceae	花	炒	滇南	春
109	大花田菁	*Sesbania grandiflora* (Linnaeus) Persoon	蝶形花科 Papilionaceae	花	凉拌、炒、包烧	滇南	春、夏、秋
110	棣棠花	*Kerria japonica* (Linnaeus) Candolle	蔷薇科 Rosaceae	花	炒、凉拌、炸、煮	—	春、夏
111	滇南杜鹃	*Rhododendron hancockii* Hemsley	杜鹃花科 Ericaceae	花	炒	滇中、滇南	春
112	滇石梓	*Gmelina arborea* Roxburgh	马鞭草科 Verbenaceae	花	蒸、炒、做粑粑	滇南	春
113	丁香花/丁香蒲桃	*Syzygium aromaticum* (Linnaeus) Merrill & L. M. Perry	桃金娘科 Myrtaceae	花	配料	滇南	春、秋、冬
114	钝叶鸡蛋花	*Plumeria obtusa* Linnaeus	夹竹桃科 Apocynaceae	花	炸	—	春、夏
115	多花山壳骨	*Pseuderanthemum polyanthum* (C. B. Clarke ex Oliver) Merrill	爵床科 Acanthaceae	花	炒	滇南	春
116	多花野牡丹	*Melastoma malabathricum* Linnaeus	野牡丹科 Melastomataceae	花、茎髓	生食、炒	滇南	春
117	番石榴	*Psidium guajava* Linnaeus	桃金娘科 Myrtaceae	花	配菜	滇南	四季
118	岗捻/桃金娘	*Rhodomyrtus tomentosa* (Aiton) Hasskarl	桃金娘科 Myrtaceae	花	炖	滇东南	春
119	构树	*Broussonetia papyrifera* (Linnaeus) L'Héritier ex Ventenat	桑科 Moraceae	花	炒	滇中	春
120	桂花	*Osmanthus fragrans* Loureiro	木樨科 Oleaceae	花	蒸、佐料	滇中	秋
121	合欢	*Albizia julibrissin* Durazzini	含羞草科 Mimosaceae	花、嫩叶	煮、炒	滇东北	夏
122	荷包山桂花	*Polygala arillata* Buchanan-Hamilton ex D. Don	远志科 Polygalaceae	花	炒	滇中、滇西	春、夏、秋
123	红花羊蹄甲	*Bauhinia* × *blakeana* Dunn	苏木科 Caesalpiniaceae	花	炒、煮	滇南	春、秋、冬

（续）

序号	中文名	学名	科名	食用部位	食用	食用区域	季节
124	槐	*Styphnolobium japonicum* (Linnaeus) Schott	蝶形花科 Papilionaceae	花、叶	煮、炒、蒸	滇中	夏
125	槐叶决明	*Senna sophera* (Linnaeus) Roxburgh	苏木科 Caesalpiniaceae	花	炒、煮	滇南	夏
126	黄槐决明	*Senna surattensis* (N. L. Burman) H. S. Irwin & Barneby	苏木科 Caesalpiniaceae	花、嫩荚	炒、做汤	滇南	四季
127	灰楸	*Catalpa fargesii* Bureau	紫葳科 Bignoniaceae	花、嫩叶	炒	滇西北	春
128	火龙果	*Hylocereus undatus* (Haworth) Britton & Rose	仙人掌科 Cactaceae	花、果	炒、煮	滇南	夏、秋、冬
129	火烧花	*Mayodendron igneum* (Kurz) Kurz	紫葳科 Bignoniaceae	花	炒	滇南	春
130	鸡蛋花	*Plumeria rubra* Linnaeus	夹竹桃科 Apocynaceae	花	炸	滇南	春、夏、秋
131	假朝天罐	*Osbeckia stellata* Buchanan-Hamilton ex Kew Gawler	野牡丹科 Melastomataceae	花	生食、炒、煮	滇南	夏、秋
132	羯布罗香	*Dipterocarpus turbinatus* C. F. Gaertner	龙脑香科 Dipterocarpaceae	花	炒	滇南	春
133	锦鸡儿	*Caragana sinica* (Buc'hoz) Rehder	蝶形花科 Papilionaceae	花	煎、炒、煮	滇中	春
134	苦绳	*Dregea sinensis* Hemsley	萝藦科 Asclepiadaceae	花	炒	滇中	春、夏
135	腊肠树	*Cassia fistula* Linnaeus	苏木科 Caesalpiniaceae	花、嫩叶、果实	炒、煮	滇南	夏、秋
136	蜡梅	*Chimonanthus praecox* (Linnaeus) Link	蜡梅科 Calycanthaceae	花	炖、煮	滇中	冬、春
137	凌霄	*Campsis grandiflora* (Thunberg) Schumann	紫葳科 Bignoniaceae	花	煮	—	春、夏
138	玫瑰	*Rosa rugosa* Thunberg	蔷薇科 Rosaceae	花	腌制、炸、凉拌、花茶、做饼	滇中	春、夏
139	玫瑰茄	*Hibiscus sabdariffa* Linnaeus	锦葵科 Malvaceae	花	腌制、果酱	滇南	夏
140	密蒙花	*Buddleja officinalis* Maximowicz	马钱科 Loganiaceae	花	佐料、煮、色素	滇南、滇东南	春
141	茉莉花	*Jasminum sambac* (Linnaeus) Aiton	木樨科 Oleaceae	花	炒、煎、煮	滇中	春、秋
142	木芙蓉	*Hibiscus mutabilis* Linnaeus	锦葵科 Malvaceae	花、嫩梢	炒	滇中	夏、秋
143	木槿	*Hibiscus syriacus* Linnaeus	锦葵科 Malvaceae	花	炒、煮	滇中	夏
144	木棉	*Bombax ceiba* Linnaeus	木棉科 Bombacaceae	花	炒、凉拌	滇中、滇西	春
145	木香花	*Rosa banksiae* W. T. Aiton	蔷薇科 Rosaceae	花	炒、炸	滇中	春
146	南山藤	*Dregea volubilis* (Linnaeus f.) Bentham ex J. D. Hooker	萝藦科 Asclepiadaceae	花、叶	煎、炒、凉拌	滇南	春、夏、秋

（续）

序号	中文名	学名	科名	食用部位	食用	食用区域	季节
147	女贞	*Ligustrum Lucidum* W. T. Aiton	木樨科 Oleaceae	花、果实	炒、炖	—	夏
148	泡核桃	*Juglans sigillata* Dode	胡桃科 Juglandaceae	花	炒	—	春
149	炮仗花	*Rhododendron spinuliferum* Franchet	杜鹃花科 Ericaceae	花	炒	滇西	春、夏
150	七姊妹	*Rosa multiflora* Thunberg	蔷薇科 Rosaceae	花	炸、煮	滇中	春、夏
151	楸树	*Catalpa bungei* C. A. Mey.	紫葳科 Bignoniaceae	花	炒	滇中	春、夏
152	三桠苦	*Melicope pteleifolia* (Champion ex Bentham) T. G. Hartley	芸香科 Rutaceae	花	煮	滇南	春
153	三对节	*Rotheca serrata* (Linnaeus) Steane & Mabberley	马鞭草科 Verbenaceae	花	包烧	滇南	夏、秋、冬
154	山桃	*Prunus davidiana* (Carrière) Franchet	蔷薇科 Rosaceae	花	炒、配菜	滇中	春
155	深绿山龙眼	*Helicia nilagirica* Beddome	山龙眼科 Proteaceae	花	煮	滇南	春、夏
156	石榴	*Punica granatum* Linnaeus	安石榴科 Punicaceae	花	炒	滇中、滇东南	春、夏
157	水青冈	*Fagus longipetiolata* Seemen	壳斗科 Fagaceae	花	蒸	—	春
158	思茅松	*Pinus kesiya* Royle ex Gordon	松科 Pinaceae	花	蒸	滇西	春
159	酸豆	*Tamarindus indica* Linnaeus	苏木科 Caesalpiniaceae	花、嫩梢、嫩果荚	炒、煮	滇南	春、夏、冬
160	铁刀木	*Senna siamea* (Lamarck) H. S. Irwin & Barneby	苏木科 Caesalpiniaceae	花、嫩叶	炒、煮	滇南	春、秋、冬
161	西南猫尾木	*Markhamia stipulata* var. *stipulata* (Wallich) Seemann ex K. Schumann	紫葳科 Bignoniaceae	花、果	凉拌、生食	滇南	夏、秋
162	虾子花	*Woodfordia fruticosa* (Linnaeus) Kurz	千屈菜科 Lythraceae	花	炒	滇南	春
163	仙人掌	*Opuntia dillenii* (Ker Gawler) Haworth	仙人掌科 Cactaceae	花、根茎	炖、煮、凉拌	滇南	四季
164	腺茉莉	*Clerodendrum colebrookianum* Walpers	马鞭草科 Verbenaceae	花、嫩梢	炒、煮	滇南	四季
165	小叶女贞	*Ligustrum quihoui* Carrière	木樨科 Oleaceae	花	炒	滇西北	夏、秋
166	锈叶杜鹃	*Rhododendron siderophyllum* Franchet	杜鹃花科 Ericaceae	花	炒、煮	滇东南	春、夏
167	须弥葛	*Haymondia wallichii* (Candolle) A. N. Egan & B. Pan bis	蝶形花科 Papilionaceae	花	腌制	滇南	夏、秋
168	悬钩子蔷薇	*Rosa rubus* H. Léveillé & Vaniot	蔷薇科 Rosaceae	花、果	炒、做鲜花饼	—	春、夏
169	阳桃	*Averrhoa carambola* Linnaeus	酢浆草科 Oxalidaceae	花	炖	滇南	春、夏、秋

（续）

序号	中文名	学名	科名	食用部位	食用	食用区域	季节
170	叶萼核果茶	*Pyrenaria diospyricarpa* Kurz	山茶科 Theaceae	花	佐料	—	春
171	印度无忧花	*Saraca indica* Linnaeus	苏木科 Caesalpiniaceae	花、嫩叶	炒、煮	滇南	春
172	月季	*Rosa chinensis* Jacquin	蔷薇科 Rosaceae	花	炸、腌制、凉拌	滇中	春、夏
173	云南松	*Pinus yunnanensis* Franchet	松科 Pinaceae	花	蒸	滇西、滇中	春
174	云上杜鹃	*Rhododendron pachypodum* I. B. Balfour & W. W. Smith	杜鹃花科 Ericaceae	花	炒、煮	滇中 、滇南	春
175	珍珠花	*Lyonia ovalifolia* (Wallich) Drude	杜鹃花科 Ericaceae	花	炒	全省	夏
176	栀子	*Gardenia jasminoides* J. Ellis	茜草科 Rubiaceae	花	炖、炒、花茶、色素	滇南	春、夏
177	猪腰豆	*Padbruggea filipes* (Dunn) Craib	蝶形花科 Papilionaceae	花	炒	滇南	夏
178	紫藤	*Wisteria sinensis* (Sims) Sweet	蝶形花科 Papilionaceae	花	煮、炒、蒸	滇中	春
179	紫薇	*Lagerstroemia indica* Linnaeus	千屈菜科 Lythraceae	花	炖	—	夏、秋
180	紫玉兰	*Yulania liliiflora* (Desrousseaux) D. L. Fu	木兰科 Magnoliaceae	花	炸、煎、配菜	滇西北	春
181	棕榈	*Trachycarpus fortunei* (Hooker) H. Wendland	棕榈科 Arecaceae (Palmae)	花	煮、炒	滇南、滇西南、滇西	春
182	爱玉子	*Ficus pumila* var. *awkeotsang* (Makino) Corner	桑科 Moraceae	果实	生食、做凉粉	滇南	夏
183	八角	*Illicium verum* J. D. Hooker	八角科 Illiciaceae	果实	佐料、炖	全省	夏、秋
184	槟榔青	*Spondias pinnata* (Linnaeus f.) Kurz	漆树科 Anacardiaceae	果实、嫩梢	生食、煮、佐料、腌制	滇南	春、夏、秋
185	翅果藤	*Myriopteron extensum* (Wight & Arnott) K. Schumann	萝藦科 Asclepiadaceae	果实	炒、凉拌	滇南	夏、秋
186	刺天茄	*Solanum violaceum* Ortega	茄科 Solanaceae	果实	炒	滇南	四季
187	大叶蒲葵	*Livistona saribus* (Loureiro) Merrill ex Chevalier	棕榈科 Arecaceae (Palmae)	果实	煮、佐料	滇南	夏
188	滇刺枣	*Ziziphus mauritiana* Lamarck	鼠李科 Rhamnaceae	果实、花	生食、腌制	滇南	秋、冬
189	番木瓜	*Carica papaya* Linnaeus	番木瓜科 Caricaceae	果实、花、嫩梢	凉拌、炒、煮	滇南	四季
190	橄榄	*Canarium album* (Loureiro) Raeuschel	橄榄科 Burseraceae	果实	腌制	滇东南	秋、冬
191	瓜栗	*Pachira aquatica* Aublet	木棉科 Bombacaceae	果实、嫩叶、花	炒、腌制、烤、磨面粉做面包	滇南	四季
192	拐枣	*Hovenia acerba* Lindley	鼠李科 Rhamnaceae	果实	生食	滇中、滇南	秋

（续）

序号	中文名	学名	科名	食用部位	食用	食用区域	季节
193	黄花胡椒	*Piper flaviflorum* C. de Candolle	胡椒科 Piperaceae	果实、茎心	佐料、煮	滇南	秋
194	毛车藤	*Amalocalyx microlobus* Pierre	夹竹桃科 Apocynaceae	果实	炒、生食	滇南	秋、冬
195	毛叶猫尾木	*Markhamia stipulata* var. *kerrii* Sprague	紫葳科 Bignoniaceae	果实、花	炒	滇南	秋、冬、春
196	木瓜海棠	*Chaenomeles cathayensis* (Hemsley) C. K. Schneider	蔷薇科 Rosaceae	果实	炖、佐、料炒、煮	滇西	秋
197	木蝴蝶	*Oroxylum indicum* (Linnaeus) Bentham ex Kurz	紫葳科 Bignoniaceae	果实、花	炒、包烧、凉拌、腌制	滇南	四季
198	蒲葵	*Livistona chinensis* (Jacquin) R. Brown ex Martius	棕榈科 Arecaceae (Palmae)	果实	煮、佐料	滇南	春
199	缫丝花	*Rosa roxburghii* Trattinnick	蔷薇科 Rosaceae	果实	佐料、腌制、酿酒	滇东	秋
200	山鸡椒	*Litsea cubeba* (Loureiro) Persoon	樟科 Lauraceae	果实	生食、佐料、腌制	全省	夏、秋
201	树番茄	*Cyphomandra betacea* (Cavanilles) Sendtner	茄科 Solanaceae	果实	凉拌、炒、佐料	滇西、滇南	秋、冬
202	水茄	*Solanum torvum* Swartz	茄科 Solanaceae	果实	炸、腌制、炒	滇东南、滇南、滇西南	四季
203	甜槟榔青	*Spondias dulcis* G. Forster	漆树科 Anacardiaceae	果实、嫩叶、树皮	煮、佐料、腌制	滇南	春、夏、秋
204	贴梗海棠	*Chaenomeles speciosa* (Sweet) Nakai	蔷薇科 Rosaceae	果实	炖、炒	滇中、滇西南	秋
205	盐麸木	*Rhus chinensis* Miller	漆树科 Anacardiaceae	果实、茎梢	佐料、炒	滇南	秋、春
206	野茄	*Solanum undatum* Lamarck	茄科 Solanaceae	果实	包烧、炒、煮	滇南	秋、冬
207	油棕	*Elaeis guineensis* Jacquin	棕榈科 Arecaceae (Palmae)	果实、嫩梢、花序	炒、煮	滇南	春、秋
208	板栗	*Castanea mollissima* Blume	壳斗科 Fagaceae	种子	炒、煮、蒸、配菜	全省	秋
209	垂子买麻藤	*Gnetum pendulum* C. Y. Cheng	买麻藤科 Gnetaceae	种子	炒	滇南	秋
210	假苹婆	*Sterculia lanceolata* Cavanilles	梧桐科 Sterculiaceae	种子、假种皮	煮、炒	滇南	夏、秋
211	木豆	*Cajanus cajan* (Linnaeus) Huth	蝶形花科 Papilionaceae	种子	煮	滇南	夏、秋
212	苹婆	*Sterculia monosperma* Ventenat	梧桐科 Sterculiaceae	种子	煮、炒、配菜	滇南	夏
213	神黄豆	*Cassia javanica* subsp. *agnes* (de Wit) K. Larsen	苏木科 Caesalpiniaceae	种子	炒、煮	滇西	夏、秋
214	梧桐	*Firmiana simplex* (Linnaeus) W. Wight	梧桐科 Sterculiaceae	种子	炒、炸	滇中	秋
215	银杏	*Ginkgo biloba* Linnaeus	银杏科 Gin千克 oaceae	种子	炖、炒	全省	秋

（续）

序号	中文名	学名	科名	食用部位	食用	食用区域	季节
216	油渣果	*Hodgsonia heteroclita* (Roxburgh) J. D. Hooker & Thomson	葫芦科 Cucurbitaceae	种子	炸、炒、包烧	滇南	夏、秋
217	皂荚	*Gleditsia sinensis* Lamarck	苏木科 Caesalpiniaceae	种子、嫩梢	煮、炒	—	春、秋、冬
218	粗叶榕	*Ficus hirta* Vahl	桑科 Moraceae	根	炖	滇南	四季
219	葛	*Pueraria montana* var. *lobata* (Willdenow) Maesen & S. M. Almeida ex Sanjappa & Predeep	蝶形花科 Papilionaceae	根	煮、炖、生食	全省	四季
220	木薯	*Manihot esculenta* Crantz	大戟科 Euphorbiaceae	根、嫩梢	炖、炒、煮	滇南	四季
221	山芝麻	*Helicteres angustifolia* Linnaeus	锦葵科 Malvaceae	根	炖	滇南	四季
222	柴桂	*Cinnamomum tamala* (Buchanan-Hamilton) T. Nees & Nees	樟科 Lauraceae	树皮、叶	佐料	滇南	四季
223	常绿榆	*Ulmus lanceifolia* Roxburgh ex Wallich	榆科 Ulmaceae	树皮	煮	滇南	四季
224	肉桂	*Cinnamomum cassia* Presl	樟科 Lauraceae	树皮、叶	佐料	全省	四季
225	余甘子	*Phyllanthus emblica* Linnaeus	大戟科 Euphorbiaceae	树皮、果实	凉拌、腌制、配菜	滇南	秋
226	版纳甜龙竹	*Dendrocalamus hamiltonii* Nees & Arnott ex Munro	禾本科 Poaceae	笋	炒、煮、腌制	滇南	夏、秋
227	勃氏甜龙竹	*Dendrocalamus brandisii* (Munro) Kurz	禾本科 Poaceae	笋	炒、煮、生食	全省	夏、秋
228	车筒竹	*Bambusa sinospinosa* McClure	禾本科 Poaceae	笋	炒、腌制	滇南、滇西南	夏
229	刺竹子/方竹	*Chimonobambusa pachystachys* Hsueh & T. P. Yi	禾本科 Poaceae	笋	炒、腌制	滇东北、滇中	秋
230	单穗大节竹	*Indosasa singulispicula* T. H. Wen	禾本科 Poaceae	笋	腌制、炒	滇南	春
231	福贡龙竹	*Dendrocalamus fugongensis* J. R. Xue & D. Z. Li	禾本科 Poaceae	笋	炒	滇西北	春、夏
232	黄麻竹	*Bambusa stenoaurita* (W. T. Lin) T. H. Wen	禾本科 Poaceae	笋	炒、腌制	—	夏
233	黄竹	*Dendrocalamus membranaceus* Munro	禾本科 Poaceae	笋	炒、腌制	滇南、滇西南	春
234	灰金竹	*Phyllostachys nigra* var. *henonis* (Mitford) Stapf ex Rendle	禾本科 Poaceae	笋	炒、腌制	滇中、滇南	春
235	金佛山方竹	*Chimonobambusa utilis* (Keng) P. C. Keng	禾本科 Poaceae	笋	炒、腌制	滇东北	夏、秋、冬
236	空心箭竹	*Fargesia edulis* J. R. Xue & T. P. Yi	禾本科 Poaceae	笋	炒	滇西北	夏
237	苦竹	*Pleioblastus amarus* (Keng) P. C. Keng	禾本科 Poaceae	笋	炒、腌制	滇南	夏
238	龙竹	*Dendrocalamus giganteus* Munro	禾本科 Poaceae	笋	炒、腌制	滇南	夏

（续）

序号	中文名	学名	科名	食用部位	食用	食用区域	季节
239	麻竹	*Dendrocalamus latiflorus* Munro	禾本科 Poaceae	笋	炒、腌制	滇东南、滇南、滇西南	夏、秋
240	马来甜龙竹	*Dendrocalamus asper* (Schult. & Schult. f.) Backer ex K. Heyne	禾本科 Poaceae	笋	炒、煮、炖、腌制	滇南、滇西南	春、夏
241	毛笋竹	*Gigantochloa levis* (Blanco) Merr.	禾本科 Poaceae	笋	炒、腌制	滇南	夏
242	毛竹	*Phyllostachys edulis* (Carrière) J. Houz.	禾本科 Poaceae	笋	炒、炖	滇东北、滇中	春
243	筇竹	*Chimonobambusa tumidissinoda* Hsueh & T. P. Yi ex Ohrnberger	禾本科 Poaceae	笋	炒、腌制	滇东北	春
244	篾竹	*Schizostachyum pseudolima* McClure	禾本科 Poaceae	笋	炒、煮、罐头	滇南、滇西南、滇东南	夏
245	小叶龙竹	*Dendrocalamus barbatus* Hsueh & D. Z. Li	禾本科 Poaceae	笋	炒、腌制	滇东南、滇南、滇西南	夏
246	野龙竹	*Dendrocalamus semiscandens* J. R. Xue & D. Z. Li	禾本科 Poaceae	笋	炒、炖	滇南、滇西南	夏
247	玉龙山箭竹	*Fargesia yulongshanensis* T. P. Yi	禾本科 Poaceae	笋	炒	滇西北	夏

经统计，云南木本森林蔬菜资源物种的组成如下：物种超过 2 种的科共有 42 个，其中禾本科最为丰富，共调查到 23 种，其次为蝶形花科（15 种）、五加科（13 种）、苏木科（13 种）、蔷薇科（12 种）、桑科（11 种）、棕榈科（10 种）、紫葳科（8 种）、杜鹃花科（8 种）、马鞭草科（7 种）。物种超过 3 种的科统计结果见图 1。

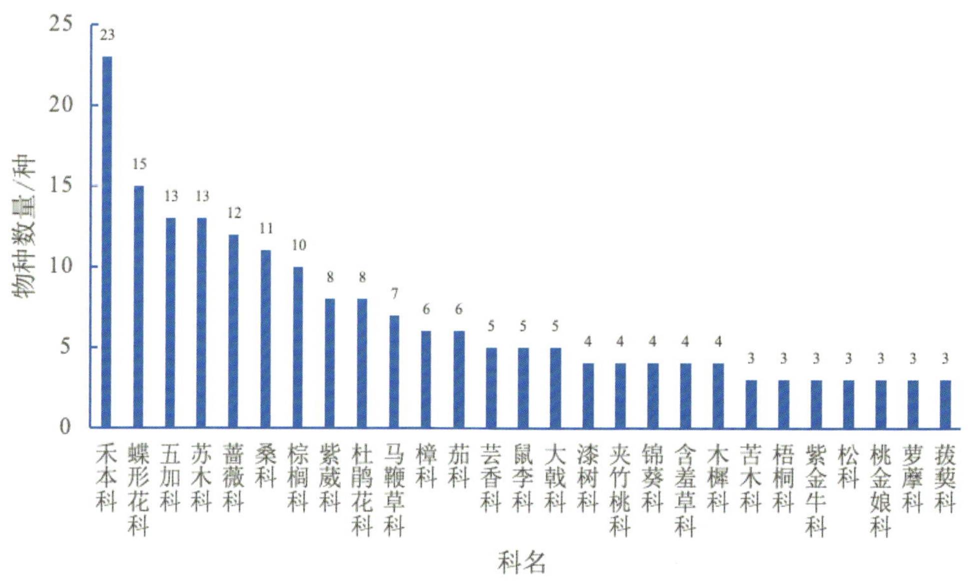

图 1　云南木本森林蔬菜资源优势科组成

从物种属的组成统计看，调查到的物种分属于 170 个属。物种超过 2 种的属共有 42 个，榕属和牡竹属种类最为丰富，都达到 9 种，其次为蔷薇属和大青属，物种数达到了 6 种，楤木属、茄属和杜鹃花属物种数均达到 4 种。物种超过 3 种的属统计结果见图 2。

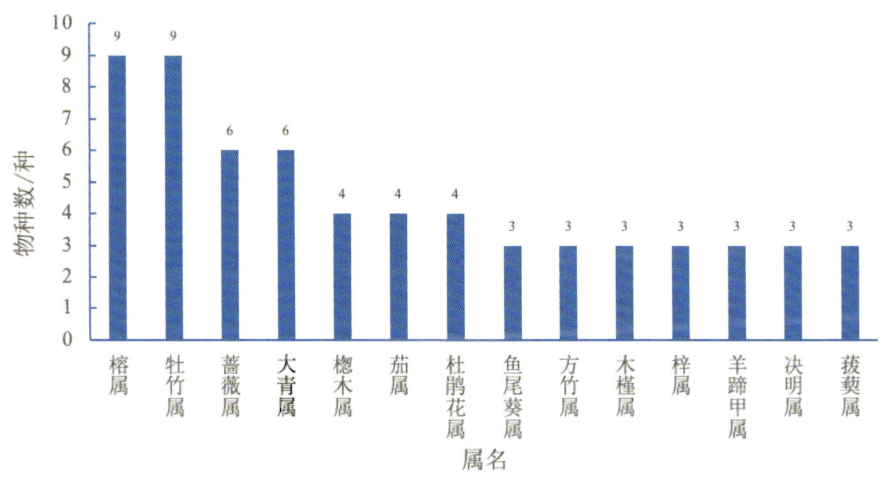

图 2　云南木本森林蔬菜资源优势属组成

（二）云南木本森林蔬菜的生活型

将调查到的云南木本森林蔬菜物种按生活型进行统计发现（图 3），灌木型和乔木型物种数量最多，分别达到 102 种和 100 种，占物种总数的 41.3% 和 40.5%；乔木状和灌木状的物种主要来源于竹类，也包括棕榈科的一些物种，物种数达到了 26 种和 5 种；木质藤本和攀缘灌木作为层间植物，其所占比例都为 2.8%，比例虽小，但说明了云南木本森林蔬菜资源的来源具有多样性的特点。

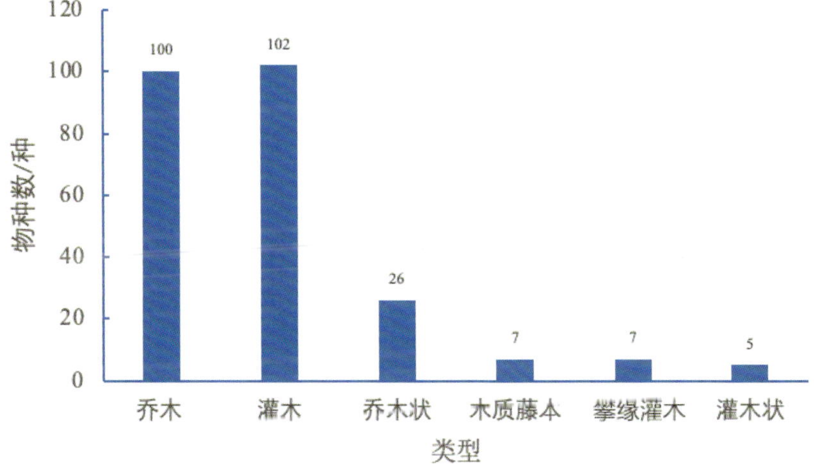

图 3　云南木本森林蔬菜资源生活型

（三）云南木本森林蔬菜资源的分布特点

云南木本森林蔬菜资源的分布与云南物种多样性高低的区域分布特征基本吻合，也同云南少数民族数量的分布趋势特征基本相符，大体呈现由南往北、由西往东逐渐减少的特点。按云南常用的区域分区方法，以滇南、滇西南、滇东南、滇西、滇东、滇东北、滇西北进行资源分布统计发现（表 2），滇南的木本森林蔬菜资源最为丰富，物种数达到 145 种；滇西次之，物种数达到 126 种；滇东北物种数相对较少，但也达到 23 种；另外，有 39 种几乎全省分布，说明云南木本森林蔬菜资源丰富且分布具有较强的区域特点。

调查同时还发现，云南木本森林蔬菜资源自然分布区与食用地区并非完全重叠，且自然分布区内不一定所有民族都食用该物种，某种森林蔬菜在一个地区的食用情况，与该植物的自然分布及少数民族居住的区域性有关。如金刚纂（*Euphorbia neriifolia*）在全省广泛分布或栽培，但仅调查到滇南普洱地区的少数民族有食用习俗；西南粗糠树（*Ehretia corylifolia*）在滇西北、滇西、滇中等地均有分布，但仅在滇西调查到有食用该物种茎叶的习俗；大果油麻藤（*Mucuna macrocarpa*），在滇南、滇东南、滇西南和滇西北均有分布，但仅有滇南普洱地区食用（当地称为老鸦花），且食用较为普遍，区域内的哈尼族、傣族、拉祜族、彝族等多个少数民族以及汉族都有食用大果油麻藤花的习俗，也是春季集贸市场较为常见的食花类野菜。整体而言，少数民族聚居比较集中的区域，食用的物种数占分布物种数的比例会相对较高，这与少数民族长期的森林实践活动、民族认知以及文化传统密切相关。

表 2 云南木本森林蔬菜资源分布与区域食用情况

区域	分布的物种数 / 种	食用的物种数 / 种
滇南	145	127
滇西南	74	18
滇东南	74	15
滇西	126	44
滇西北	40	11
滇东	91	23
滇东北	23	7
滇中	57	43
全省范围	39	14

四、云南木本森林蔬菜资源的多样性

（一）食用部位的多样性

云南木本森林蔬菜物种作为蔬菜食用的部位各不相同，将植物的不同部位作为蔬菜，是云南各族人民在实践中认识自然、开发自然的结果，具有突出的地域性和民族性。

按食用部位进行分类，可初步分为茎梢类、花类、叶类、果实类、种子类、根类、树皮类和笋类。部分物种多个部位可以同时食用，在进行统计时，每个物种只按最为常见食用的部位进行归类，即每个物种只按一类进行统计，不重复统计。如南山藤(*Dregea volubilis*)，在滇南地区较为常见，其花在春季大量上市，可煎鸡蛋，亦可煮汤或凉拌食用，与此同时，新发的嫩叶也被食用，用于煮汤或煎蛋，但仍然以食花为主，在统计时将其归为食花类。云南木本森林蔬菜按不同食用部位的统计结果见图 4。在统计到的物种中，食花类最为丰富，达到了 84 种，与云南“世界花园”的称号相符，也最能突出云南特色。以金雀花（锦鸡儿 *Caragana sinica*）、玉荷花（白花洋紫荆 *Bauhinia variegata* var. *candida*）、棠梨花（川梨 *Pyrus pashia*）、苦刺花（白刺槐 *Sophora davidii*）等为代表；其次为茎梢类，共有 63 种，主要在植物长新芽待展叶阶段采集食用，以刺老苞（楤木 *Aralia elata*）、臭菜（羽叶金合欢 *Acacia pennata*）、长蕊甜菜（茎花山柚 *Champereia manillana* var. *longistamine*）等为代表；笋类是森林蔬菜的重要组成部分，在云南主要来源于森林，云南竹类资源较为丰富，绝大多数的竹种其笋都能食用或加工后食用。统计到较为常见食用的笋竹达到 22 种，包括麻竹(*Dendrocalamus latiflorus*)、毛竹(*Phyllostachys edulis*)等知名度较高且分布较为广泛的笋类，也包括勃氏甜龙竹(*Dendrocalamus brandisii*)、筇竹(*Chimonobambusa tumidissinoda*)、刺竹子（方竹 *Chimonobambusa pachystachys*）等具有较高品质和具有区域特色的笋。食叶和食果类的物种分别占到物种数的 12.6% 和 9.0%。相较于传统认知的以茎梢、花和叶为食用部位，在云南，部分物种的根和树皮也可作为蔬菜，如粗叶榕(*Ficus hirta*)的根，可作为蔬菜炖肉食用。余甘子(*Phyllanthus emblica*)，又称滇橄榄，在云南分布较广，传统上当野生水果食用，也作为果类蔬菜烹饪，主要作为药膳原料熬汤，但在滇南西双版纳和普洱等地，傣族、拉祜族、哈尼族等多个少数民族则刮取树皮作为重要配料，用于制作特色美食“剁生”，或直接凉拌食用。

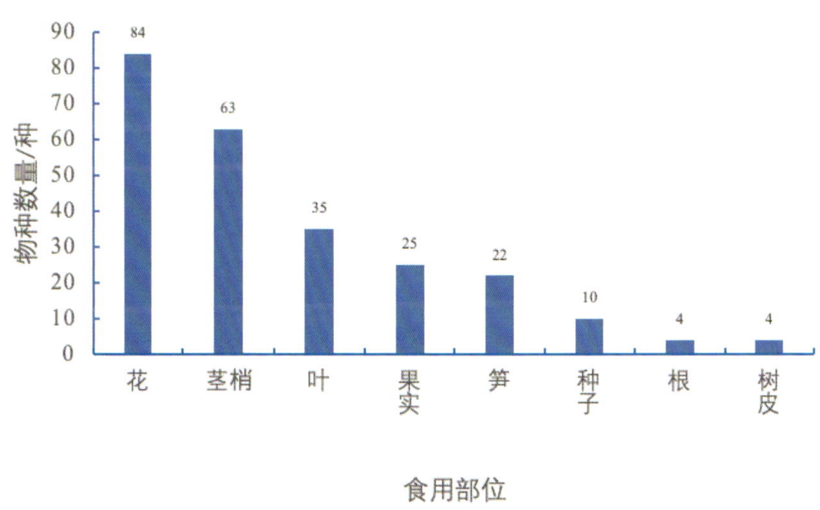

图 4　云南木本森林蔬菜食用部位统计

（二）食用方式的多样性

云南具有丰富的多样性，不仅体现在物种、民族，在饮食文化上也同样体现出多样性。木本森林蔬菜具有炒、煮、生食、凉拌、炸、煎、蒸、腌制、炖、佐料入菜、配菜装饰入菜等丰富的食用方式，且区域特色较为明显，以少数民族食用方式较为独特和多样。如烧制，“烧”是较为原始和朴素的烹饪方式，一般仅对肉类（或动物类的食物）使用该种技法，但在云南南部，傣族、拉祜族等多个少数民族将烧的烹饪方式加以改进应用到蔬菜或素食的烹饪上，用叶片等介质包裹蔬菜配上佐料在火上进行烧制，俗称“包烧”。多种野菜都可包烧后食用。该方法是对原始烹饪方式的继承和发展，既简单又有独特的风味，包烧海船(*Oroxylum indicum*)花或果、包烧酸薹菜(*Ardisia solanacea*)、包烧槟榔(*Areca catechu*)花等都是区域较为有名的菜肴。

按食用方式进行统计，通过炒的方式加工食用的物种最多，物种数达到173种，其次为煮，物种数达到98种，凉拌、炸、煎等食用方式也具有8种以上的对应物种(图5)。食用方式多样性还表现为同一个物种可以有多种食用方式，有2种食用方式的物种达到了109种，如赤苍藤(*Erythropalum scandens*)，通常可以炒食或煮汤食用；有3种食用方式的物种达到了36种，如臭菜，臭菜煎鸡蛋是最为常见的傣族美食，也可以焯水后炒食，或当普通蔬菜煮食，臭菜臭豆腐煮鱼是滇南较为著名的菜品；有4种食用方式的物种达到了9种，如香椿，嫩叶最为常见的是煎鸡蛋或炒鸡蛋食用，也可以焯水后凉拌，在部分地区还将香椿叶油炸后长期保存食用；有部分物种有5种及以上的食用方式，如花椒，嫩叶可以炒土豆，可以煎鸡蛋，可以焯水后凉拌，可以同腌肉一起炸了食用，也可以作为配料用于煮鱼或腌鱼(图6)。如果按最为常见的食用方式为唯一方式进行统计(图7)，以炒的方式加工食用最为常见，物种有128种，其次分别为煮(40种)、凉拌(15种)、炖(13种)等。

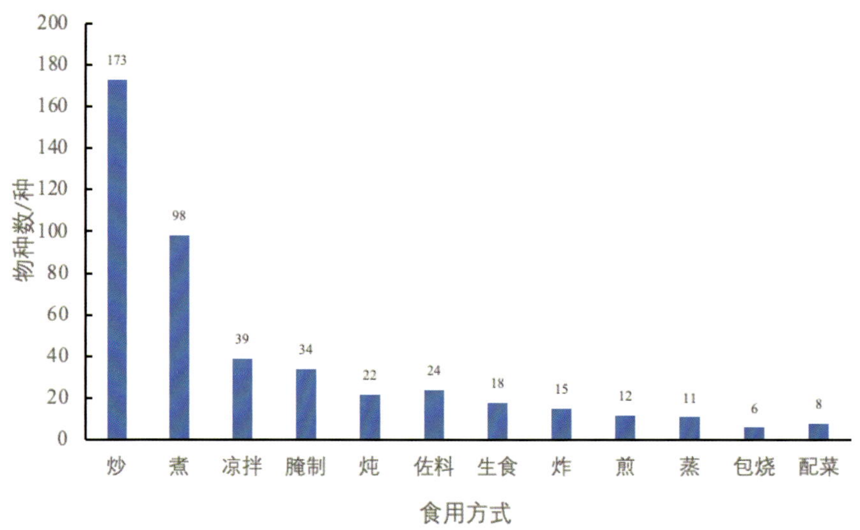

图5 云南木本森林蔬菜食用方式统计

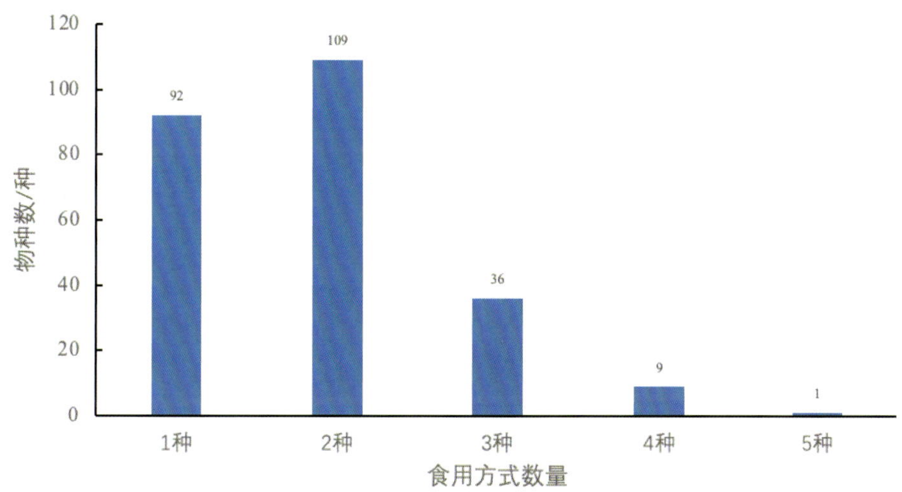

图6　云南木本森林蔬菜食用方式数量统计

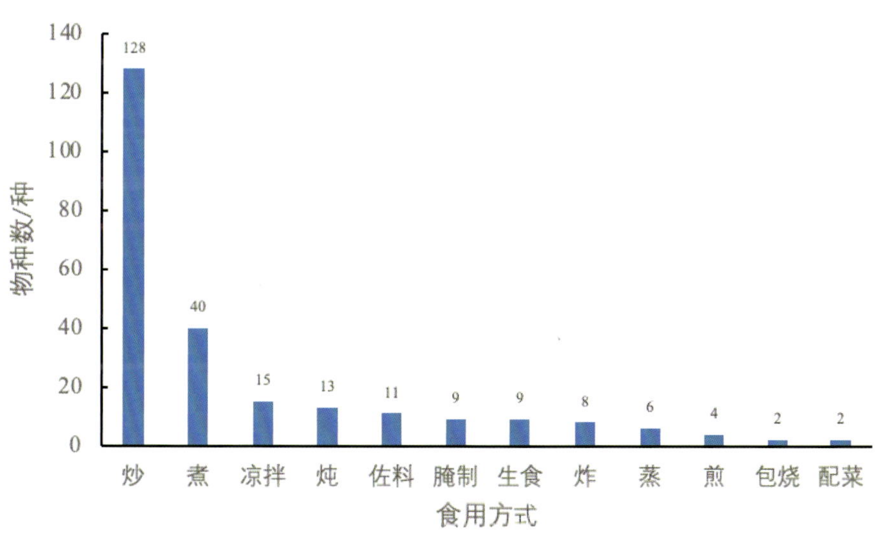

图7　云南木本森林蔬菜食用方式(按主要食用方式唯一性统计)

(三)食用季节的多样性

云南独特的气候类型造就了丰富的植物种类,丰富的资源及多样食用部位使得云南四季都有木本森林蔬菜可以供应。春天万物生长,花类蔬菜和茎梢类大量上市,夏季以丰富的笋类和叶菜类为主,秋季果实类和种子类可以采摘,冬季以食果类和食根类为主。同时云南纬度低、海拔落差较大,气候类型丰富,立体气候较为突出,部分物种可以四季供应,如香椿、臭菜等目前已实现四季售卖。按食用季节进行物种统计(表3),春季可以食用的木本森林蔬菜种类最为丰富，达到了158种，夏季达到了100种，秋季物种数64种，冬季物种数仍然有16种，四季可以供应的物种达到29种，供应时间具有显著的多样性。

表3 云南木本森林蔬菜食用季节

食用季节	物种数/种	食用季节	物种数/种
春	152	夏、秋	32
春、夏	64	夏、冬	1
春、秋	14	夏、秋、冬	3
春、冬	1	秋	64
春、夏、秋	13	秋、冬	13
春、秋、冬	4	冬	16
春、夏、冬	1	四季	29
夏	100		

茎梢

菝葜

Smilax china L. 24

菝葜科 Smilacaceae

别(俗)名:铁菱角

形态特征:攀缘灌木。根状茎粗厚,坚硬,为不规则的块状,茎疏生刺。叶圆形、卵形或其他形状;叶柄都有卷须。伞形花序生于叶尚幼嫩的小枝上,常呈球形;花序托稍膨大,近球形,较少稍延长,具小苞片;花绿黄色;雌花与雄花大小相似。浆果熟时红色,有粉霜。花期 2~5 月,果期 9~11 月。

分布(生境):在中国产自山东(山东半岛)、江苏、浙江、福建、台湾、江西、安徽(南部)、河南、湖北、四川(中部至东部)、云南(南部)、贵州、湖南、广西和广东。生于海拔2000米以下的林下、灌丛中、路旁、河谷或山坡上。缅甸、越南、泰国、菲律宾也有分布。

食用部位及方法:嫩梢,焯水后炒食。

采食时间:春季。

Embelia ribes Burman

紫金牛科 Myrsinacea

白花酸藤果

别(俗)名:酸藤、水淋果、枪子果、香胶藤

形态特征:攀缘灌木或藤本。叶片倒卵状椭圆形或长圆状椭圆形。圆锥花序顶生,花 5 数,花瓣淡绿色或白色,椭圆形或长圆形;雄蕊在雄花中着生于花瓣中部,在雌花中较花瓣短;雌蕊在雄花中退化,在雌花中与花瓣等长或略短。果球形或卵形,红色或深紫色。花期 1~7 月,果期 5~12 月。

分布(生境):在中国分布于福建、广东、广西、贵州、海南、西藏、云南(滇东南至滇西南),柬埔寨、印度、印度尼西亚、老挝、马来西亚、缅甸、新几内亚、菲律宾、斯里兰卡、泰国、越南等也有分布。生于海拔 100~2000 米的林内、林缘灌木丛中,或路边、坡边灌木丛中。

食用部位及方法:嫩梢,生食或煮鱼、煮鸡食用。

采食时间:春、夏季。

白簕

Eleutherococcus trifoliatus (Linnaeus) S. Y. Hu

五加科 Araliaceae

别(俗)名：鹅掌簕、三加皮、三叶五加

形态特征：灌木。枝软弱铺散，疏生下向刺。叶有小叶3，椭圆状卵形至椭圆状长圆形，稀倒卵形。伞形花序3~10个，稀多至20个组成顶生复伞形花序或圆锥花序；花黄绿色；花瓣5，三角状卵形。果实扁球形，直径约5毫米，黑色。花期8~11月，果期9~12月。

分布(生境)：在中国分布于安徽、福建、广东、广西、贵州、湖北、湖南、江苏、江西、四川、台湾、云南、浙江。印度、日本、菲律宾、泰国、越南有分布。生于海拔700~3200米林中、林缘或灌丛中。

食用部位(营养成分)及方法：嫩梢，凉拌生食或焯水后凉拌、炒食。鲜叶中维生素C的含量是番茄的2~3倍，铁的含量是番茄的8倍，含较多谷氨酸和精氨酸，同时还富含硒、锌等微量元素。白簕嫩芽属于高钾高钙低钠型野生蔬菜(肖肖等，2015)。

采食时间：四季。

Ficus vasculosa Wallich ex Miquel

桑科 Moraceae

白肉榕

别(俗)名:突脉榕

形态特征:乔木。叶椭圆形至长椭圆状披针形。雌雄同株,花被 3~4 深裂,雄花 2 枚;瘿花花被 3~4 深裂,子房倒卵圆形,花柱光滑,柱头 2 裂。榕果球形,成熟时黄色或黄红色,瘦果光滑,通常在顶端一侧有龙骨。花果期 5~7 月。

分布(生境):在中国分布于广东、广西、贵州、海南、云南(河口、金平、西双版纳)。马来西亚、缅甸、泰国、越南有分布。生于海拔 100~800 米的季雨林中。

食用部位及方法:嫩梢,炒食或做汤。

采食时间:四季。

扁核木

Prinsepia utilis Royle

蔷薇科 Rosaceae

别(俗)名:青刺尖、青刺果、打油果

形态特征:灌木。枝刺上生叶;叶片长圆形或卵状披针形。花多数成总状花序,生于叶腋或生于枝刺顶端;花瓣白色,宽倒卵形,先端啮蚀状,基部有短爪。核果长圆形或倒卵长圆形,紫褐色或黑紫色,平滑无毛,被白粉。花期 4~5 月,果熟期 8~9 月。

分布(生境):在中国分布于贵州、四川、西藏、云南(丽江、盈江、大理、洱源、嵩明、富民、昆明、峨山、武定、蒙自、文山、丘北、师宗、广南、西畴、昭通、巧家、镇雄)。不丹、印度、尼泊尔、巴基斯坦也有分布。生于海拔1000~2600 米的山坡、荒地、山谷或路旁等处。

食用部位(营养成分)及方法:嫩梢,盐腌渍后食用。种子榨油食用。扁核木油含有油酸(31.2%)、亚油酸(39.5%)、亚麻酸(0.755%);含钾 23.8 毫克 / 千克、铁 1.6 毫克 / 千克、锌 1.6 毫克 / 千克、钙 1.4 毫克 / 千克、镁 2.5 毫克 / 千克,矿质元素含量比较丰富(蔡卫东等,2018)。

采食时间:嫩尖,4~5 月采集;果,8~9 月采集。

滨木患

别(俗)名：扁果木、麦录(傣语)

形态特征：常绿小乔木或灌木。小叶 2 或 3 对，很少 4 对，近对生。长圆状披针形至披针状卵形。花序常紧密多花；花芳香；花瓣 5。蒴果的发育果爿椭圆形，红色或橙黄色；种子枣红色，假种皮透明。花期夏初，果期秋季。

分布(生境)：在中国分布于广东、广西、海南、云南(景洪、勐腊、普洱)。印度和东南亚至所罗门群岛也有分布。生于海拔 500~1200 米的山坡、沟谷疏林内。

食用部位及方法：嫩梢，煮食或做汤。

采食时间：春季。

波缘大参

Macropanax undulates (Wall.) Seem.

五加科 Araliaceae

别(俗)名:火镰菜

形态特征:常绿乔木。叶有小叶 3~5;椭圆状披针形至椭圆状长圆形。圆锥花序顶生,顶端有 1 个伞形花序,其下有几个侧生的小伞形花序;花白色;花瓣 5,卵状长圆形。果实卵球形,有棱,长约 5 毫米;花盘隆起,圆锥形;宿存花柱长约 2 毫米。花期 10~11 月,果期翌年 5~6 月。

分布(生境):在中国分布于云南(独龙江谷地、腾冲、澜沧)。不丹、印度、越南、老挝、柬埔寨也有分布。生于海拔 1300~1800 米的森林中。

食用部位及方法:嫩梢,炒食、做汤、凉拌或焯水后凉拌食用。

采食时间:四季。

31

Hyptianthera stricta (Roxburgh) Wight & Arnott

茜草科 Rubiacea

藏药木

别(俗)名:野柴姜

形态特征:灌木或小乔木。叶长圆状披针形、狭长圆形或披针形。花数朵至多朵簇生于叶腋;花冠白色,裂片近椭圆形。浆果簇生于叶腋,黄绿色,卵形或球形,顶端有宿存的萼裂片;种子通常 8 颗。花期 4~8 月,果期 8 月至翌年 2 月。

分布(生境):在中国分布于西藏、云南(蒙自、河口、绿春、思茅、勐腊、景洪、勐海、盈江)。孟加拉国、不丹、印度、老挝、缅甸、尼泊尔、泰国、越南也有分布。生于海拔 100~1500 米的山地或溪边的林中或灌丛中。

食用部位及方法:嫩梢,腌酸后食用。

采食时间:春、夏季。

赤苍藤

Erythropalum scandens Blume

赤苍藤科 Erythropalaceae

别(俗)名:细绿藤、牛耳藤、大叶臭菜

形态特征:常绿藤本,具腋生卷须。叶卵形、长卵形或三角状卵形。花排成腋生的二歧聚伞花序,花冠白色,卵状三角形。核果卵状椭圆形或椭圆状,成熟时淡红褐色,干后黄褐色;种子蓝紫色。花期 4~5 月,果期 5~7 月。

分布(生境):在中国分布于广东、广西、贵州、海南、西藏、云南(西双版纳、马关)。孟加拉国、文莱、不丹、柬埔寨、印度、印度尼西亚、老挝、马来西亚、缅甸、菲律宾、泰国、越南也有分布。生于海拔 600~1000 米的阴湿沟谷或密林中。

食用部位(营养成分)及方法:嫩梢,炒食或做汤。赤苍藤维生素 B_1 含量达到 126 微克 /100 克,维生素 B_2 的含量达到 401 微克 /100 克,维生素 C 达到 156 毫克 /100 克;矿物质锌含量达到 0.65 毫克 /100 克,铁、钙含量分别为 1.29 毫克 /100 克与 60.99 毫克 /100 克;赤苍藤还含有种类齐全的 18 种氨基酸,总量为 3.26 克 /100 克,其中成人必需氨基酸有 8 种,总量为 1.15 克 /100 克,占总量的 35.28% (隆卫革等,2017)。

采食时间:春季。

Phoenix loureiroi Kunth

棕榈科 Arecaceae（Palmae）

刺葵

形态特征：茎丛生或单生。叶长达 2 米；羽片线形。佛焰苞不开裂，为 2 舟状瓣；雌花序分枝短而粗壮；雄花近白色；花瓣 3；雌花花瓣圆形。果实长圆形，成熟时紫黑色，基部具宿存的杯状花萼。花期 4~5 月，果期 6~10 月。

分布（生境）：在中国产于台湾、广东、海南、广西、云南等地。生于海拔 800~1500 米的阔叶林或针阔混交林中。

食用部位及方法：嫩芽，可作蔬菜炒食。

采食时间：春季。

刺通草

Trevesia palmata (Roxburgh ex Lindley) Visiani

五加科 Araliaceae

别(俗)名:苦凉包、棁树、广叶葠、脱萝

形态特征:常绿小乔木。小枝有茸毛和刺。叶为单叶,掌状深裂,裂片 5~9,披针形;叶柄疏生刺;托叶和叶柄基部合生。圆锥花序大;伞形花序大,花淡黄绿色;花瓣 6~10,长圆形。果实卵球形。花期 10 月,果期翌年 5~7 月。

分布(生境):在中国分布于广西、贵州、云南(西双版纳、思茅、耿马、澜沧、景东、凤庆、泸水、金平、屏边、河口、马关、文山、大关)。孟加拉国、柬埔寨、印度、老挝、尼泊尔、泰国、越南也有分布。生于海拔 200~2000 米密林或混交林内。

食用部位及方法:嫩茎及髓,剥去有毛的外皮,煮食或与其他肉类一起炒食;花序,剥去有毛的外皮,捣烂生食或煮食。

采食时间:春季。

刺五加

别(俗)名:五加、老虎潦、坎拐棒子、一百针

形态特征:灌木。一、二年生分枝通常密生刺。叶有小叶 5,稀 3;小叶片椭圆状倒卵形或长圆形。伞形花序单个顶生,或 2~6 个组成稀疏的圆锥花序,有花多数;花紫黄色。果实球形或卵球形,有 5 棱,黑色。花期 6~7 月,果期 8~10 月。

分布(生境):在中国分布于黑龙江、吉林、辽宁、河北、山西、云南(从北部地区到西双版纳热带雨林均有分布)。集中在海拔 400~2200 米地区,多散生或丛生于针阔叶混交林或阔叶林内、疏林下、林缘。

食用部位(营养成分)及方法:嫩梢,可直接炒食或凉拌食用。刺五加中含有维生素 A、维生素 B_1、维生素 B_2 及维生素 C 等,以及锰、铜、镁、钴、镍、锌、铁、钠、钾、钙等矿物质成分。

采食时间:四季。

楤木

Aralia chinensis L.

五加科 Araliaceae

别(俗)名:刺老苞、树头菜

形态特征:灌木或乔木。叶为二回或三回羽状复叶,羽片有小叶 5~11,稀 13,小叶卵形、阔卵形或长卵形。圆锥花序大;伞形花序有花多数;花白色,芳香;花瓣 5,卵状三角形。果实球形,黑色。花期 7~9 月,果期 9~12 月。

分布(生境):在中国分布广,北自甘肃、陕西、山西、河北,南至云南(西北部的贡山、宾川,中部的昆明、嵩明)、广西、广东和福建(西南部的龙岩、东部的福州),东至海滨的广大区域,均有分布。生于森林、灌丛或林缘路边,垂直分布从海滨至海拔 2700 米。

食用部位及方法:嫩芽,直接炒食、炒肉。

采食时间:春、夏季。

粗毛楤木

别(俗)名:刺老苞

形态特征:小乔木。小枝密生黄色粗毛,有刺;刺短而粗,基部膨大。叶大,二回羽状复叶,羽片有小叶5~9,基部有小叶1对;小叶片卵形至长卵形。圆锥花序主轴和分枝密生黄色粗毛,有刺或无刺;伞形花序有花多数;花梗密生黄色粗毛;苞片披针形,长至2厘米,小苞片披针形;花瓣5,卵状三角形;子房5室;花柱5,离生。果实球形,黑色,直径约3毫米,有5棱;果梗长3~8毫米。花期6月,果期次翌年1月。

分布(生境):在中国分布于云南(景东、河口)。生于森林下,海拔1400~2400米。

食用部位及方法:嫩梢,炒食

采食时间:春、夏季。

大参

Macropanax dispermus (Blume) Kuntze

五加科 Araliaceae

别(俗)名:火镰菜 、油散木

形态特征:常绿乔木。叶有小叶5,稀7;小叶长圆形或椭圆形至披针形。圆锥花序顶生;伞形花序有花约10朵;花瓣5,三角状卵形。果实卵球形,稍有棱,长约5毫米,花盘大,圆锥形;宿存花柱长约2毫米。花期8~9月,果期翌年1~2月。

分布(生境):在中国分布于云南(勐海、景洪至景东、金平、屏边、西畴、富宁、砚山、瑞丽、龙陵、双江)。不丹、印度、老挝、马来西亚、缅甸、尼泊尔、泰国、越南亦有分布。生于海拔300~2300米山谷混交林或密林中。

食用部位及方法:嫩梢,炒食、做汤或焯水后凉拌食用。

采食时间:四季。

Celastrus paniculatus Willdenow

卫矛科 Celastracea

别(俗)名:打油果

形态特征:常绿藤本灌木。叶椭圆形、长方状椭圆形、长方形、阔卵形、倒卵形至近圆形。聚伞圆锥花序顶生,花淡绿色;花瓣长方形至倒卵状长方形。蒴果球状,直径达 1 厘米,具 3~6 种子;种子椭圆状。花期 4~6 月,果期 6~9 月。

分布(生境):在中国分布于广西、广东、贵州、海南、西藏、台湾、云南(西双版纳)。不丹、柬埔寨、印度、印度尼西亚、老挝、缅甸、尼泊尔、斯里兰卡、泰国、越南,以及大洋洲、太平洋诸岛亦有分布。生于海拔 700~900 米林缘或林下。

食用部位及方法:嫩梢,炒食或做汤。

采食时间:春季。

滇白珠

Gaultheria leucocarpa var. *yunnanensis* (Franch.) T. Z. Hsu & R. C. Fang

杜鹃花科 Ericaceae

别(俗)名:透骨草、黑油果

形态特征:常绿灌木。树皮灰黑色;枝条细长,左右曲折,具纵纹,无毛。叶卵状长圆形,革质,有香味,先端尾状渐尖,基部钝圆或心形,边缘具锯齿。总状花序腋生,花 10~15 朵,疏生,序轴基部为鳞片状苞片所包;小苞片 2,对生或近对生,披针状三角形;花萼裂片 5,卵状三角形;花冠白绿色,钟形;雄蕊 10,着生于花冠基部;子房球形,被毛,花柱无毛,短于花冠。浆果状蒴果球形,黑色;种子多数。花期 5~6 月,果期 7~11 月。

分布(生境):在中国产于长江流域及其以南各地区,从低海拔到海拔 3500 米左右的山上均有分布。

食用部位(营养成分)及方法:嫩梢,炒食。从滇白珠中分离的水杨酸甲酯糖苷类、黄酮类、木脂素类、萜类、有机酸类等,具有广泛的药理活性,其中抗炎作用尤为显著(胡耶芳等,2020)。

采食时间:春季。

41

Keteleeria evelyniana Mast.

松科 Pinaceae

别(俗)名:云南油杉、杉松、杉松尖

形态特征:乔木,高达 40 米。树皮不规则深裂,块状脱落;一年生枝通常有毛。叶条形,排成两列,长 2~6.5 厘米,宽 2~3 (~ 3.5) 毫米,先端有微凸起的钝尖头,中脉两侧通常每边有 2~10 条气孔线,下面中脉两侧各有 14~19 条气孔线。球果圆柱形,中部的种鳞卵状斜方形或斜方状卵形,上部向外反曲,边缘有明显的细小缺齿,鳞背露出部分有毛或几无毛;苞鳞中部窄;下部逐渐增宽,上部近圆形,先端呈不明显的三裂,中裂明显,侧裂近圆形;种翅中下部较宽,上部渐窄。花期 4~5 月,种子 10 月成熟。

分布(生境):在中国产于长江流域及其以南各地,从低海拔到海拔 3500 米左右的山上均有分布。

食用方法:食用方法:嫩梢,炒食或凉拌。

采食时间:春季。

董棕

Caryota obtusa Griffith

棕榈科 Arecaceae（Palmae）

别(俗)名：酒假桄榔

形态特征：乔木状。茎黑褐色，膨大或不膨大呈花瓶状，具明显的环状叶痕。叶长 5~7 米，宽 3~5 米，弓状下弯；羽片宽楔形或狭的斜楔形。佛焰苞长 30~45 厘米；花序长 1.5~2.5 米，具多数、密集的穗状分枝花序。果实球形至扁球形，成熟时红色；种子 1~2 颗，近球形或半球形，胚乳嚼烂状。花期 6~10 月，果期 5~10 月。

分布(生境)：在中国分布于云南(沧源、个旧、贡山、麻栗坡、临翔、西畴)。印度、老挝、马来西亚、缅甸、泰国、越南均有分布。生于海拔 1400~1800 米的石灰岩山地区或沟谷林中。

食用部位(营养成分)及方法：茎干中上部，加工后代粮；嫩茎，直接炒食。未出鞘嫩叶，生食或炒食。

采食时间：春、夏季。

Rhamnus utilis Decne.

鼠李科 Rhamnacea

冻绿

别(俗)名:红冻、黑狗丹、山李子、绿子、大绿

形态特征:灌木或小乔木,枝端常具针刺。叶纸质,对生或近对生,或在短枝上簇生,椭圆形、矩圆形或倒卵状椭圆形。花单性,雌雄异株,4 基数,具花瓣;雄花数个簇生于叶腋,或 10~30 余个聚生于小枝下部;雌花 2~6 个簇生于叶腋或小枝下部。核果圆球形或近球形,成熟时黑色,具 2 分核。花期 4~6 月,果期 5~8 月。

分布(生境):在中国产自甘肃、陕西、河南、河北、山西、安徽、江苏、浙江、江西、福建、广东、广西、湖北、湖南、四川、贵州。朝鲜、日本也有分布。常生于海拔 1500 米以下的山地、丘陵、山坡草丛、灌丛或疏林下。

食用部位(营养成分)及方法:嫩芽,煮熟漂洗后炒食。冻绿种子油脂含有亚油酸、油酸、亚麻酸、棕榈酸、硬脂酸等 21 种脂肪酸。其中,油酸 30.14%、亚油酸 39.54%、亚麻酸 21.53%,三者在油脂中合占 91.21%(李硕,2015)。

采食时间:春、夏季。

短梗酸藤子

Embelia sessiliflora Kurz.

44

紫金牛科 Myrsinaceae

别(俗)名:酸藤子、脆叶果、酸苔树、酸鸡藤、野猫酸(麻栗坡)、枪子拐等

形态特征:攀缘灌木或藤本。叶片坚纸质,椭圆状卵形或长圆状卵形,中脉隆起,侧脉约 8 对,不明显;叶柄具狭翅。圆锥花序,顶生,小苞片钻形,外面被疏乳头状突起,具缘毛,早落;花 5 数,稀 4 数,萼片三角形,具腺点和缘毛;花瓣淡绿色或白色;雄蕊着生于花瓣近中部,与花瓣等长或略短;花丝与花药等长或略短,花药卵形或长圆形;雌蕊略短于花瓣,子房卵珠形。果球形,红色,干时有时具皱纹,柱头通常为头状或盾状。花期 2~4 月,果期约 5 月。

分布(生境):在中国产自贵州、云南。印度、缅甸至泰国均有。分布于海拔 1400~2800 米的林内、林缘及路旁灌木丛中,常见于新垦地或公路旁阳光充足的地方。

食用部位及方法:嫩梢,味酸,鲜食或凉拌,果味甜,可食。

采食时间:嫩梢,春、夏季;果实,5 月。

Caryota mitis Lour.

棕榈科 Arecaceae (Palmae)

短穗鱼尾葵

别(俗)名:酒椰子

形态特征:丛生,小乔木状。叶长 3~4 米,羽片呈楔形或斜楔形,叶鞘边缘具网状的棕黑色纤维。佛焰苞与花序被糠秕状鳞秕,花序短,具密集穗状的分枝花序;雄花萼片宽倒卵形,花瓣狭长圆形,淡绿色;雌花萼片宽倒卵形,花瓣卵状三角形。果球形,成熟时紫红色,具 1 颗种子。花期 4~6 月,果期 8~11 月。

分布(生境):在中国产自海南、广西等地,云南热区有分布。越南、缅甸、印度、马来西亚、菲律宾、印度尼西亚(爪哇)亦有分布。生于山谷林中或植于庭园。

食用部位及方法:茎的髓心含淀粉,可供食用;花序液汁含糖分,供制糖或酿酒。

采食时间:四季。

多蕊肖菝葜

Smilax polyandra (Gagnep.) P. Li & C. X. Fu

菝葜科 Smilacaceae

别(俗)名:肖菝葜

形态特征:攀缘灌木。叶矩圆形,基部心形;叶柄近基部有卷须和狭鞘。伞形花序具 10~30 朵花;雄花花被筒近矩圆形;雌花一般比雄花稍短。果实球形稍扁。花果期 11 月。

分布(生境):在中国产自云南(南部)、老挝、缅甸。生于密林中。

食用部位及方法:幼嫩枝叶,可炒食;果实,可吃。

采食时间:春季。

Lycium chinense Miller

茄科 Solanaceae

枸杞

别(俗)名: 枸杞尖

形态特征: 多分枝灌木。枝条细弱，小枝顶端锐尖呈棘刺状，生叶和花的棘刺较长。单叶互生或2~4枚簇生，卵形、卵状菱形、长椭圆形、卵状披针形。花在长枝上单生或双生于叶腋，在短枝上簇生；花冠漏斗状，淡紫色。浆果红色，卵状；种子扁肾脏形，黄色。花果期6~11月。

分布: 在中国分布于安徽、福建、甘肃、广东、广西、贵州、海南、河北、黑龙江、河南、湖北、湖南、江苏、江西、吉林、辽宁、内蒙古、宁夏、青海、陕西、山西、四川、台湾、云南、浙江。日本、韩国、蒙古、尼泊尔、巴基斯坦、泰国及欧洲也有分布。

食用部位(营养成分)及方法: 嫩梢，炒食或做汤；成熟果实，晒干后做煮肉佐料。枸杞含有大量的蛋白质、氨基酸、维生素以及铁、锌、磷、钙等营养成分。

采食时间: 嫩梢，春季。果实8~11月。

海州常山

Clerodendrum trichotomum Thunb.

马鞭草科 Verbenaceae

别(俗)名:臭菜、楚雄臭菜、灯笼花

形态特征:灌木或小乔木。叶片卵形、卵状椭圆形或三角状卵形。伞房状聚伞花序顶生或腋生,通常二歧分枝,疏散,末次分枝着花3朵,花香,花冠白色或带粉红色。核果近球形,包藏于增大的宿萼内,成熟时外果皮蓝紫色。花果期6~11月。

分布(生境):在中国产辽宁、甘肃、陕西以及华北、中南、西南各地。朝鲜、日本以及菲律宾北部也有分布。生于海拔2400米以下的山坡灌丛中。

食用部位及方法:嫩梢,煮食。

采食时间:春、夏季。

厚壳树

形态特征：落叶乔木。叶椭圆形、倒卵形或长圆状倒卵形。聚伞花序圆锥状，花多数，密集，小形，芳香；花冠钟状，白色，裂片长圆形。核果黄色或橘黄色；核具皱褶，成熟时分裂为 2 个具 2 粒种子的分核。

分布（生境）：广布于中国西南、华南、华东及台湾、山东、河南，云南（鹤庆、泸水、耿马、西双版纳、普洱、金平、河口）等地。日本、越南也有分布。生于海拔 100~1700 米丘陵、平原疏林、山坡灌丛及山谷密林，为适应性较强的树种。

食用部位及方法：嫩芽、叶，代茶。

采食时间：春季。

花椒 *Zanthoxylum bungeanum* Maxim.

芸香科 Rutaceae

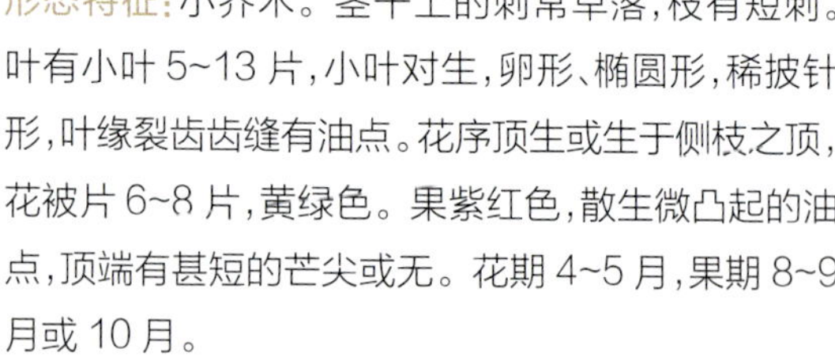

形态特征：小乔木。茎干上的刺常早落，枝有短刺。叶有小叶 5~13 片，小叶对生，卵形、椭圆形，稀披针形，叶缘裂齿齿缝有油点。花序顶生或生于侧枝之顶，花被片 6~8 片，黄绿色。果紫红色，散生微凸起的油点，顶端有甚短的芒尖或无。花期 4~5 月，果期 8~9 月或 10 月。

分布（生境）：中国广泛分布，产地北起东北南部，南至五岭北坡，东南至江苏、浙江沿海地带，西南至西藏东南部；云南除滇南热区外都有分布。生于海拔 1500~2800 米的平原、坡地。

食用部位（营养成分）及方法：嫩叶芽、嫩梢，做芳香佐料，切细与牛肉、鱼等一起煮食或与土豆丝一起干焙煎食，也可焯水后凉拌；果可做香料。

采食时间：嫩梢，春夏季；果实，秋季。

Ficus virens Aiton

桑科 Moraceae

黄葛树

别(俗)名:酸苞树、大青树、大叶榕、绿黄葛树

形态特征:落叶或半落叶乔木。有板根或支柱根,幼时附生。叶卵状披针形至椭圆状卵形。榕果单生或成对腋生或簇生于已落叶枝叶腋,球形,成熟时紫红色。雄花、瘿花、雌花生于同一榕果内;雄花,生榕果内壁近口部,花被片4~5,披针形;瘿花具柄,花被片3~4;雌花与瘿花相似,花柱长于子房。瘦果。花期5~8月。

分布(生境):在中国分布于福建、广东、广西、贵州、海南、湖北、湖南、陕西、四川、西藏、云南(盈江、瑞丽、景东、西双版纳、石屏、河口、金平、麻栗坡、马关、文山、广南、富宁)、浙江。不丹、柬埔寨、印度、印度尼西亚、日本、老挝、马来西亚、缅甸、新几内亚、菲律宾、斯里兰卡、泰国、越南、澳大利亚北部均有分布。生于海拔300~2700米的湿润地区。

食用部位及方法:嫩梢,先水煮除苦味后,炒食或做汤,也可直接蘸料生食。

采食时间:春季。

黄槿

Hibiscus tiliaceus Linn.

锦葵科 Malvaceae

别(俗)名:右纳、桐花、海麻、万年春、盐水面头果

形态特征:常绿灌木或乔木。树皮灰白色;小枝无毛或近于无毛,很少被星状茸毛或星状柔毛。叶革质,近圆形或广卵形,基部心形,全缘或具不明显细圆齿,下面密被灰白色星状柔毛,叶脉 7 或 9 条;托叶叶状,长圆形,早落,被星状疏柔毛。花序顶生或腋生,常数花排列成聚伞花序,花梗基部有一对托叶状苞片;小苞片 7~10,线状披针形,被茸毛,萼裂 5,萼片披针形,被茸毛;花冠钟形,花瓣黄色,内面基部暗紫色,倒卵形,外面密被黄色星状柔毛。蒴果卵圆形,果爿 5,木质;种子光滑,肾形。花期 6~8 月。

分布(生境):在中国产自台湾、广东、福建等地。越南、柬埔寨、老挝、缅甸、印度、印度尼西亚、马来西亚及菲律宾等热带国家也有分布。生于沿海沙地、河港两岸。

食用部位及方法:嫩枝、叶和花,凉拌或炒食。

采食时间:嫩梢,春、夏季;花,6~8 月。

黄檀

Dalbergia hupeana Hance

蝶形花科 Papilionaceae

形态特征：乔木。羽状复叶椭圆形至长圆状椭圆形。圆锥花序顶生或生于最上部的叶腋间，花冠白色或淡紫色，各瓣均具柄，旗瓣圆形，翼瓣倒卵形，龙骨瓣关月形。荚果长圆形或阔舌状，有 1~2 (~3) 粒种子；种子肾形，长 7~14 毫米，宽 5~9 毫米。花期 5~7 月。

分布（生境）：在中国分布于山东、江苏、安徽、浙江、江西、福建、湖北、湖南、广东、广西、四川、贵州、云南。生于山地林中或灌丛中，山沟溪旁及有小树林的坡地，常见于海拔 600~1400 米处。

食用部位及方法：嫩芽，焯水漂洗后炒、凉拌或做汤。

采食时间：春季。

假通草

Brassaiopsis ciliata Dunn

五加科 Araliaceae

别(俗)名:纤齿柏那参、睫毛掌叶树、纤齿罗伞

形态特征:多刺灌木。枝密生茸毛,疏生基部宽扁的刺。叶片纸质,掌状7~9裂,稀5裂或11裂。圆锥花序顶生;主轴及分枝密生刚毛,密生或疏生细长直刺;伞形花序有花多数;苞片披针形,宿存;花白色;花瓣5,长圆状卵形。果实卵球形或扁球形,黑色,花盘直径3~4毫米,宿存花柱长约1.5毫米。花期10~11月,果期翌年2月。

分布(生境):在中国分布于贵州(独山、都匀)、广西(田林、凌云)、云南(西畴、麻栗坡)、西藏(错那)、四川(峨眉山)。生长于郁闭或稀疏林中,山谷间向阳处也能生长,海拔330~2200米。

食用部位及方法:嫩梢,炒食

采食时间:春、夏季。

金刚纂

别(俗)名:火殃勒、彩云阁

形态特征:肉质灌木状小乔木,乳汁丰富。茎常三棱状,棱脊 3 条。叶互生于齿尖,少而稀疏,常生于嫩枝顶部,倒卵形或倒卵状长圆形。花序单生于叶腋,总苞阔钟状,5 裂,裂片半圆形;雄花多数;雌花 1 枚。蒴果三棱状扁球形,成熟时分裂为 3 个分果爿;种子近球状,褐黄色,平滑;无种阜。花果期全年。

分布(生境):原产印度,分布于热带亚洲,中国南北方均有栽培,云南大部分地区有分布。

食用部位及方法:嫩茎心,炒、煮食。

采食时间:四季。

茎花山柚

Champereia manillana var. *longistaminea* (W. Z. Li) H. S. Kiu

山柚子科 Opiliaceae

别（俗）名：甜菜树、鳞尾木、味精树、雷公菜、龙须菜

形态特征：小乔木。小枝绿色。叶椭圆形或卵状椭圆形，先端急尖或短渐尖。花序在主干和老枝上簇生，在小枝上单生于叶腋，花序轴、花梗、花冠均被黏质微柔毛，花瓣4，卵状披针形或披针形，淡绿色，雄蕊与花瓣同数而对生，长约1.5毫米，花药卵形，黄色，长约0.5毫米，花盘微4裂，裂瓣与雄蕊互生；花梗长约1.5毫米。核果浅黄色，椭圆形，长约3厘米，直径约2厘米，果梗长约5厘米。花期3~4月，果期4~7月。

分布（生境）：在中国分布于广西、云南（富宁、双柏、元江）。生于海拔300~1300米的石灰山、沟谷、山坡密林或灌丛中。

食用部位（营养成分）及方法：嫩梢、花序，炒食、做汤或做腌菜食用。嫩梢含有丰富的蛋白质、维生素、脂肪、纤维素等，还含有锌、钙、铁、磷等优质矿物质；蛋白质中含有种类齐全的人体必需氨基酸。嫩芽药效氨基酸含量为3.60克/100克（朱昌叁等，2018）。

采食时间：春夏季。

聚果榕

别(俗)名:马郎果

形态特征:乔木。叶薄,椭圆状倒卵形至椭圆形或长椭圆形。榕果聚生于老茎瘤状短枝上,稀成对生于落叶枝叶腋,梨形;雄花生于榕果内壁近口部,无柄,花被片 3~4,雄蕊 2;瘿花和雌花有柄,花被线形,先端有 3~4 齿,花柱侧生,柱头棒状。成熟榕果橙红色。花期 5~7 月。

分布(生境):在中国分布于广西、贵州、云南(河口、屏边、金平、元阳、绿春、福贡、思茅、西双版纳、孟连),印度、印度尼西亚、缅甸、尼泊尔、新几内亚、巴基斯坦、斯里兰卡、泰国、越南、澳大利亚均有分布。生于海拔 100~1700 米的溪边、河畔。

食用部位及方法:嫩梢,炒食或做汤,也可将嫩梢与青苔一起煮熟食用;果实,鲜食。

采食时间:嫩梢,春季;果实,夏、秋季。

毛梾

Cornus walteri Wangerin

山茱萸科 Cornaceae

形态特征：落叶乔木。幼枝对生。叶对生，椭圆形、长圆椭圆形或阔卵形。伞房状聚伞花序顶生，花密；花白色，有香味；花瓣 4，长圆状披针形。核果球形，成熟时黑色；核骨质，扁圆球形。花期 5 月，果期 9 月。

分布（生境）：在中国产于辽宁、河北、山西南部以及华东、华中、华南、西南各地。在云南产于丽江、中甸、维西、德钦等地。生于海拔 300~1800 米，稀达 2600~3300 米的杂木林或密林下。

食用部位及方法：嫩枝叶，炒食；种子、果实可食。

采食时间：嫩叶，春季；种子、果实，9 月。

Colubrina pubescens Kurz

鼠李科 Rhamnaceae

毛蛇藤

形态特征：灌木。幼枝、当年生枝和花序被柔毛。叶互生，卵状椭圆形。腋生聚伞花序，花两性，五基数；萼片三角形；花瓣倒卵圆形，与雄蕊等长；花盘肥厚，圆形；子房藏于花盘内，3室，每室1胚珠，花柱3半裂。蒴果状核果圆球形，直径8毫米，成熟时室背开裂，具3分核，每核1种子，萼筒与核果愈合，包围果实近中部；果梗长8~12毫米。花期7~8月，果期8~10月。

分布（生境）：分布于印度、越南、老挝、柬埔寨，以及中国云南南部（开远、元江）。

食用部位及方法：嫩梢，煮或炒食。

采食时间：春、夏季。

木鳖子

Momordica cochinchinensis (Lour.) Spreng.

葫芦科 Cucurbitaceae

别(俗)名:木鳖、番木鳖

形态特征:粗壮大藤本。具块状根。叶片卵状心形或宽卵状圆形,3~5 中裂至深裂或不分裂。卷须颇粗壮不分歧。雌雄异株。雄花单生于叶腋或有时 3~4 朵着生在极短的总状花序轴上;花冠黄色,裂片卵状长圆形,基部有齿状黄色腺体;雌花单生于叶腋,花冠同雄花。果实卵球形,成熟时红色,肉质,具刺尖的突起;种子卵形或方形,干后黑褐色。花期 6~8 月,果期 8~10 月。

分布(生境):在中国分布于江苏、安徽、江西、福建、台湾、广东、广西、湖南、四川、贵州、西藏,以及云南中部、南部至东南部。中南半岛和印度半岛也有分布。常生于海拔 450~1100 米的山沟、林缘及路旁。

食用部位(营养成分)及方法:嫩茎尖焯水、漂洗后凉拌或炒食;果实可食。木鳖子中可能含有糖类、皂苷、甾体、萜类、香豆素及生物碱、挥发油及油脂等成分,除具有抗癌、抗炎、抗菌等药理作用外,还具有抗溃疡、抗氧化、调节免疫等多种药理作用(赵芳惠等,2020)。

采食时间:春季。

糯竹

别(俗)名:香竹、糯米饭竹

形态特征:秆直立,梢头下垂或稍下垂;秆环平。秆箨厚革质,迟落,远短于节间;箨耳圆形或近圆形;箨舌全缘或微具齿;箨片卵形或心形。叶耳不发达,叶舌低矮;叶片狭披针形。花枝无叶,各节着生由多数假小穗所形成的球形假小穗丛。小穗密被淡黄色硬毛;外稃先端具刺芒状尖头;内稃与外稃等长或略较长,背部具 2 脊;鳞被窄,膜质,披针形,先端锐尖;花药成熟时紫色;柱头 3。颖果先端具宿存的花柱基部。

分布(生境):在中国产于云南南部至西南部。生于海拔 500~1200 米的山地,西双版纳有成片纯林,栽培也甚广。缅甸各地均有分布。

食用部位及方法:秆,做竹筒饭。

采食时间:四季。

苹果榕

Ficus oligodon Miquel

桑科 Moraceae

别(俗)名:小木瓜果、狗木瓜

形态特征:小乔木。叶互生,倒卵状椭圆形或椭圆形。榕果簇生于老茎发出的短枝上,梨形或近球形;雄花生榕果内壁口部,花被薄膜质,2 裂,雄蕊 2 枚;瘿花生内壁中下部,多数,花被合生;雌花生于另一植株榕果内壁,有短柄,花被 3 裂。瘦果倒卵圆形。花期 9 月至翌年 4 月,果期 5~6 月。

分布(生境):在中国分布于广西、贵州、海南、西藏、云南(漾濞、禄山、贡山、澜沧、景东、思茅、西双版纳、元阳、绿春、屏边、金平、西畴、麻栗坡、文山、蒙自、禄劝),不丹、印度、马来西亚、缅甸、尼泊尔、泰国、越南均有分布。生于海拔 200~2100 米的山谷、沟边。

食用部位及方法:嫩梢,焯水后炒食或与其他菜做成杂菜汤,也可蘸佐料或包肉食用。

采食时间:春夏季。

Helwingia japonica (Thunb.) Dietr.

山茱萸科 Cornaceae

青荚叶

别(俗)名:叶上花

形态特征:落叶灌木。叶纸质,卵形、卵圆形,稀椭圆形。花淡绿色,3~5 数,花萼小,花瓣镊合状排列。浆果幼时绿色,成熟后黑色,分核 3~5 枚。花期 4~5 月,果期 8~9 月。

分布(生境):本亚种广布于中国黄河流域以南各地。常生于海拔 3300 米以下的林中,喜阴湿及肥沃的土壤。日本、缅甸北部、印度北部也有分布。

食用部位(营养成分)及方法:嫩梢,焯水后凉拌,煮汤或蒸菜。青荚叶中脂肪 4.80%、蛋白质 14.05%、多糖 49.77 毫克 / 克、总多酚 29.54 毫克 / 克、表儿茶素 5.33 毫克 / 克、β-胡萝卜素 0.236 毫克 / 克;8 种脂肪酸中不饱和脂肪酸占 63.2%;矿物元素中钾最高(37.80 毫克 / 克)、钙次之(21.80 毫克 / 克);17 种氨基酸总量为 11.82%,其中 7 种必需氨基酸占 41%,9 种药效氨基酸占 50.25%,是兼具营养和保健功能的新资源食品(孙志武等,2014)。

采食时间:春季。

砂糖椰子

Arenga pinnata (Wurmb) Merrill

棕榈科 Arecaceae（Palmae）

别(俗)名:糖树

形态特征:乔木状,茎有疏离的环状叶痕。叶簇生于茎顶,羽状全裂,羽片呈 2 列排列,线形或线状披针形。花序腋生,从上部往下部抽生几个花序,当最下部花序的果实成熟时,植株即死亡;佛焰苞多个,螺旋状排列于花序梗上;雄花大,花萼、花瓣各 3 片;雌花花萼及花瓣各 3 片。果实近球形;种子 3 颗,黑色,卵状三棱形。花期 6 月,果实在开花后 2~3 年时成熟。

分布(生境):在中国分布于福建、广东、海南、云南(西双版纳、河口、个旧),印度、印度尼西亚、马来西亚、缅甸、菲律宾、泰国也有分布。生于海拔 100~1200 米的沟谷中。

食用部位(营养成分)及方法:嫩梢,炒食;茎髓,炒食或提取淀粉后如藕粉一样食用。茎髓中不仅富含淀粉(通常含量在 12% 左右),还富含人体所需的铁、镁、锰、钙、锌等元素,此外,其膳食纤维含量也高达 5.7%,营养丰富(陈斌,2012)。

采食时间:嫩梢,春季。

守宫木

别(俗)名:越南菜、帕汪(云南傣语)、甜菜树、树仔菜

形态特征:灌木。叶片卵状披针形、长圆状披针形或披针形。雄花1~2朵腋生,或几朵与雌花簇生于叶腋;雌花通常单生于叶腋。蒴果扁球状或圆球状,乳白色,宿存花萼红色;果梗长5~10毫米;种子三棱状,长约7毫米,宽约5毫米,黑色。花期4~7月,果期7~12月。

分布(生境):在中国分布于安徽、福建、广东、广西、海南、云南(河口、金平、马关、勐海),孟加拉国、柬埔寨、印度、印度尼西亚、老挝、马来西亚、缅甸、菲律宾、斯里兰卡、泰国、越南均有分布。生于海拔100~400米的灌丛坡或疏林林缘。

食用部位及方法:嫩梢,炒食或做汤,或与其他野菜混合而做杂菜汤。

采食时间:春、夏季。

水麻

Debregeasia orientalis C. J. Chen

荨麻科 Urticaceae

别(俗)名:水麻柳、野麻

形态特征:灌木。叶纸质或薄纸质,长圆状狭披针形或条状披针形,先端渐尖或短渐尖,基部圆形或宽楔形。花序雌雄异株,生叶腋,二回二歧分枝或二叉分枝,每分枝的顶端各生一球状团伞花簇。瘦果小浆果状,倒卵形,鲜时橙黄色。花期 3~4 月,果期 5~7 月。

分布(生境):在中国产自西藏东南部(除滇西、西南外,云南各地均有分布)、广西、贵州、四川、甘肃南部、陕西南部、湖北、湖南、台湾。日本也有分布。常生于溪谷河流两岸潮湿地区,海拔 300~2800 米。

食用部位及方法:嫩梢,焯水后炒食或做汤、炖肉。水麻属植物主要含有三萜、黄酮、苯丙素、脂肪酸及其衍生物、酚酸、甾体与挥发油类化合物;生物活性主要有抗肿瘤与抗菌作用。

采食时间:春季。

Ardisia solanacea Roxburgh

紫金牛科 Myrsinaceae

酸薹菜

别(俗)名:帕累(傣族语)

形态特征:灌木或乔木。叶片椭圆状披针形或倒披针形。复总状花序或总状花序,腋生,花瓣粉红色,宽卵形。果扁球形,紫红色或带黑色,密布腺点。花期2~3月,果期8~11月,也有花正开果亦熟的情况。

分布(生境):在中国分布于广西、云南(西双版纳、滇东南)。印度、尼泊尔、新加坡、斯里兰卡。生于海拔400~1600米的疏、密林中或林缘灌木丛中。

食用部位及方法:嫩梢,生食、蘸佐料或包裹熟肉食用,也可焯水后做凉菜。

采食时间:春季。

酸叶胶藤

Ecdysanthera rosea Hook. et Arn.

夹竹桃科 Apocynaceae

别(俗)名：酸叶藤、酸藤

形态特征：高攀木质大藤本，具乳汁。叶纸质，阔椭圆形。聚伞花序圆锥状，顶生，着花多朵；花小，粉红色；花萼内面有5枚小腺体；花冠近坛状，裂片卵圆形。蓇葖2枚，叉开成近一直线，圆筒状披针形，长达15厘米，外果皮有明显斑点；种子长圆形，顶端具白色绢质种毛。花期4~12月，果期7月至翌年1月。

分布(生境)：在中国分布于福建、广东、广西、贵州、海南、湖南、四川、台湾、云南(景洪、勐海、富宁)。印度尼西亚、泰国、越南也有分布。生于山地杂木林山谷中、水沟旁较湿润的地方。

食用部位(营养成分)及方法：嫩梢，与鱼、鸡等一起煮食。酸叶胶藤含有甾体(糖苷)类、木脂素类和萜类化合物，具有很高的药用价值。

采食时间：春季。

藤金合欢

Acacia concinna (Willdenow) Candolle

含羞草科 Mimosaceae

别(俗)名:金合欢

形态特征:攀缘藤本。小枝、叶轴有倒刺。二回羽状复叶,羽片 6~10 对;小叶 15~25 对,线状长圆形。头状花序球形,再排成圆锥花序,花序分枝被茸毛;花白色或淡黄,芳香;花萼漏斗状;花冠稍突出。荚果带形,边缘直或微波状,干时褐色,有种子 6~10 颗。花期 4~6 月,果期 7~12 月。

分布(生境):在中国分布于福建、广东、广西、贵州、海南、湖南、江西、云南(龙陵、瑞丽、镇康、西双版纳、金平、文山、麻栗坡)。印度、尼泊尔、马来西亚也有分布。生于海拔 200~1300 米的灌丛、林缘、疏林中。

食用部位及方法:嫩梢,炒食或做汤,也可与鱼、肉等一起煮熟食用,可除去鱼腥味,或作调酸的主要材料。

采食时间:春季。

西垂茉莉

Clerodendrum griffithianum C. B. Clarke

马鞭草科 Verbenaceae

别(俗)名:臭菜、灯笼花

形态特征:灌木;幼枝、叶柄、花序梗、花柄、花萼等各部都被黏性柔毛。叶片长椭圆形、长椭圆状披针形或椭圆形。聚伞花序通常由 3 朵花组成,有时再组成疏松的伞房状或圆锥状,腋生或生于小枝顶;苞片线形;花萼钟状,紫红色,萼管短,裂片三角状披针形;花冠白色,裂片匙形,外面密生黄色小腺点,花冠管下部常随子房受精后膨大,花冠宿存至果熟后脱落。核果球形,径约 1 厘米,成熟时黑色,宿萼增大且略增厚,玫瑰红色,长超过果。花果期 11 月至翌年 6 月。

分布(生境):在中国分布于云南(德宏、西畴)。生于海拔 800~1700 米的山坡林缘或林下。印度及缅甸也有分布。

食用部位(营养成分)及方法:嫩梢,煮汤或炒食。

采食时间:春、夏季。

西南粗糠树

别(俗)名:滇厚朴

形态特征:乔木。叶卵形或椭圆形。聚伞花序生小枝顶端,呈圆锥状;花冠筒状钟形,白色,芳香,裂片长圆形或近圆形。核果红色、黄色或橘红色,椭圆形或近球形,成熟时分裂为 2 个具 2 粒种子的分核。花期 5 月,果期 6~7 月。

分布(生境):在中国产云南南部、西南部至西北部,四川西南部及贵州。生于海拔 1500~3000 米山谷疏林、山坡灌丛、干燥路边及湿润的砂质坡地。

食用部位及方法:茎尖,可炒食或焯水凉拌食用。

采食时间:春、夏季。

香椿

Toona sinensis (A. Jussieu) M. Roemer

棟科 Meliaceae

别(俗)名:香椿芽、香椿铃、香铃子、香椿子

形态特征:乔木;树皮片状脱落。偶数羽状复叶,小叶 16~20,对生或互生,卵状披针形或卵状长椭圆形。圆锥花序,小聚伞花序生于短的小枝上,多花;花瓣 5,白色。蒴果狭椭圆形。花期 6~8 月,果期 10~12 月。

分布(生境):在中国分布于安徽、福建、甘肃、广东、广西、贵州、河北、河南、湖北、湖南、江苏、江西、陕西、四川、西藏、云南(除滇南外,全省大部分地区)、浙江。不丹、印度、印度尼西亚、老挝、马来西亚、缅甸、尼泊尔、泰国均有分布。生于海拔 100~2900 米的山谷、溪旁或山坡疏林中。

食用部位(营养成分)及方法:嫩梢,炒食或焯水后凉拌、炸食用。香椿芽磷元素含量达 517 毫克 /100 克,钾元素 408 毫克 /100 克,钠元素 4.9 毫克 /100 克;微量元素中的铁元素含量 23.1 毫克 /100 克,锌元素 8.5 毫克 /100 克;维生素中的维生素 E 含量 19.9 毫克 /100 克,维生素 B_2 含量 0.51 毫克 /100 克(罗时琴等,2014)。

采食时间:春季。

Aralia armata (Wallich ex G. Don) Seemann

五加科 Araliaceae

野楤头

别(俗)名:刺老苞、广东楤木

形态特征:多刺灌木,刺短,基部宽扁,先端通常弯曲。三回羽状复叶,小叶5~9,两面脉上疏生小刺。圆锥花序大,长达50厘米,主轴和分枝有短柔毛或无毛,疏生钩曲短刺;伞形花序有花多数;花瓣5,卵状三角形。果实球形。花期8~10月,果期9~11月。

分布(生境):在中国分布于云南(西双版纳、屏边、西畴)、贵州(罗甸、册亨)、广西(百色、上思、全州)、广东(连南、海南儋州及保亭)和江西(武功山)。生于林中和林缘,垂直分布海拔可达1400米。印度、缅甸、马来西亚和越南也有分布。

食用部位(营养成分)及方法:嫩梢,炒食或炒火腿食用。野葱头含有18种氨基酸,总水解氨基酸达86.66毫克/克,微量元素钾含量1610微克/克,镁1854微克/克,铁9940微克/克,钙5510微克/克(李精华,1997)。

采食时间:春、夏季。

异叶梁王茶

Nothopanax davidii (Franch.) Harms ex Diels

五加科 Araliaceae

别(俗)名:大卫梁王茶、三角枫

形态特征:灌木或乔木。叶为单叶,稀有 3 小叶的掌状复叶;圆状卵形至长圆状披针形,或三角形至卵状三角形,不分裂、掌状 2~3 浅裂或深裂,有主脉 3 条,边缘疏生细锯齿,小叶片披针形,几无小叶柄。圆锥花序顶生;伞形花序有花 10 余朵;花白色或淡黄色,芳香;花瓣 5,三角状卵形;雄蕊 5;子房 2 室,花盘稍隆起;花柱 2,合生至中部,上部离生,反曲。果实球形,侧扁,直径 5~6 毫米,黑色;宿存花柱长 1.5~2 毫米。花期 6~8 月,果期 9~11 月。

分布(生境):在中国分布于陕西(太白山)、湖北(兴山、巴东、利川、建始)、湖南(石门)、四川(天全、宝兴、木里、大凉山、屏山、金佛山)、贵州(贵阳、梵净山)、云南(贡山、泸水、勐腊、屏边、镇雄)。生于疏林或阳性灌木林中、林缘,路边和岩石山上也有生长,在湖北、四川和贵州通常分布于海拔 800~1800 米,在云南则分布于 2500~3000 米。

食用部位及方法:嫩梢,炒食或凉拌。

采食时间:春、夏季。

Scleropyrum wallichianum (Wight et Arn.) Arn.

檀香科 Santalaceae

形态特征：常绿乔木。叶长圆形或椭圆形，嫩时亮红色，叶柄粗短，基部有节，节明显或肿大。花序单生，成对着生或少数簇生，被黄色茸毛；花淡黄色至红黄色。果成熟时橙黄色或橙红色，有光泽。花期4~5月，果期8~9月。

分布（生境）：在中国产于云南、广西、广东（海南）。生于海拔800~1200米潮湿山区的缓坡或山谷疏林中，常与龙脑香属（*Dipterocarpus*）等植物组成混交林。斯里兰卡、印度、缅甸、老挝、柬埔寨、越南和马来西亚也有分布。

食用部位及方法：嫩梢，炒食；成熟的果实可少量食用。

采食时间：幼嫩枝叶，春季；果，8~9月。

硬皮榕

Ficus callosa Willdenow

桑科 Moraceae

形态特征：高大乔木。叶广椭圆形或卵状椭圆形。榕果单生或成对生叶腋，梨状椭圆形，幼时淡绿色，成熟时黄色，雄花两型，散生榕果内壁或近口部，花被片3~5，匙形；瘿花和雌花相似，花被下部合生，上部深裂3~5裂；瘿花柱头极短。瘦果倒卵圆形。花期秋季。

分布（生境）：在中国分布于广东、云南（普文、景洪、西双版纳），印度、印度尼西亚、马来西亚、缅甸、菲律宾、斯里兰卡、泰国、越南均有分布。生于海拔600~900米林内或林缘。

食用部位及方法：嫩梢，炒食或煮食。

采食时间：春、夏季。

柚

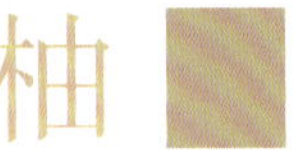

Citrus maxima (Burman) Merrill

芸香科 Rutaceae

别(俗)名:泡果

形态特征:乔木。被柔毛,叶阔卵形或椭圆形。总状花序,有时兼有腋生单花;花蕾淡紫红色,稀乳白色。果圆球形、扁圆形、梨形或阔圆锥状,淡黄或黄绿色,杂交种有朱红色的,果皮甚厚或薄,海绵质,油胞大,凸起,果心实但松软,瓢囊 10~15 瓣或多至 19 瓣,汁胞白色、粉红或鲜红色,少有带乳黄色。花期 4~5 月,果期 9~12 月。

分布(生境):中国的福建、广东、广西、贵州、海南、湖北、湖南、四川、台湾、云南(思茅、普洱、西双版纳、河口、富宁、绿春、元阳、红河、金平、瑞丽、盈江、梁河)、浙江等地均有栽培和归化。生于村寨及山林河边。

食用部位(营养成分)及方法:嫩梢,煮鱼或牛肉食用;果皮,白色海绵状中果皮直接晒干或焯水后再晒干食用。柚子中含有橙皮苷、维生素、矿物质、蛋白质、糖分以及极少量的脂肪等营养物质,其中维生素 C、维生素 A、维生素 B、胡萝卜素等的含量都比较丰富,矿物质中钙、钾等离子的含量较高。

采食时间:嫩梢,春季;果实,9~12 月。

鱼尾葵

Caryota maxima Blume ex Martius

棕榈科 Arecaceae（Palmae）

别(俗)名:青棕、假桄榔

形态特征:乔木状。茎被白色的毡状茸毛,具环状叶痕。叶厚革质;羽片互生,罕见顶部的近对生。佛焰苞与花序无糠秕状的鳞秕;花序具多数穗状的分枝花序。果实球形,成熟时红色;种子 1 颗,罕为 2 颗,胚乳嚼烂状。花期 5~7 月,果期 8~11 月。

分布(生境):在中国分布于广东、广西、海南、云南(盈江、耿马、景洪、勐腊、江城、河口、麻栗坡)。不丹、印度、印度尼西亚、老挝、马来西亚、缅甸、泰国、越南均有分布。生于海拔 200~1800 米的山坡或沟谷林中。

食用部位及方法:嫩梢、髓部白嫩部分、未开出花序,炒食或做汤。

采食时间:春季。

Acacia pennata (Linnaeus) Willdenow

含羞草科 Mimosaceae

羽叶金合欢

别（俗）名：臭菜

形态特征：攀缘多刺藤本。总叶柄基部及叶轴上部羽片着生处稍下均有凸起的腺体 1 枚；羽片 8~22 对；小叶 30~54 对，线形。头状花序圆球形，单生或 2~3 个聚生，排成腋生或顶生的圆锥花序。果带状，边缘稍隆起，呈浅波状；种子 8~12 颗，长椭圆形而扁。花期 3~10 月，果期 7 月至翌年 4 月。

分布（生境）：在中国分布于福建、广东、广西、贵州、海南、云南（西双版纳、金平、蒙自、富宁）、浙江。不丹、柬埔寨、印度、老挝、马来西亚、缅甸、尼泊尔、斯里兰卡、泰国、越南均有分布。生于海拔 340~1300 米的山坡阳处灌丛林缘。

食用部位及方法：嫩梢，炒食、炒鸡蛋、做汤或与鱼一起煮食，或与其他菜一起做汤。

采食时间：春、夏季。

长刺楤木

Aralia spinifolia Merr.

五加科 Araliaceae

别(俗)名:刺老苞

形态特征:灌木。小枝疏生多数或长或短的刺,并密生细针状刺毛;刺扁,基部膨大。二回羽状复叶,密生或疏生刺和刺毛;羽片有小叶 5~9,基部有小叶 1 对;小叶长圆状卵形或卵状椭圆形,边缘有锯齿,齿有小尖头,侧脉 5~7 对。圆锥花序大;伞形花序有花多数;花瓣 5,淡绿白色,卵状三角形;子房 5 室;花柱 5,离生。果实卵球形,黑褐色。花期 8~10 月,果期 10~12 月。

分布(生境):在中国分布于广西(元宝山、金秀、梧州)、湖南(黔阳、通道)、江西(瑞金、兴国、寻乌)、福建(武夷山、龙岩、永春、德化、沙县、南平、永安)和广东(乳源、英德、鼎湖山、茂名)。生于山坡或林缘阳光充足处,海拔约 1000 米以下。

食用部位及方法:嫩梢,直接炒食、炒肉。

采食时间:春、夏季。

掌叶梁王茶

别(俗)名:梁王茶、良王茶、凉碗茶、金刚树、火镰菜

形态特征:灌木。掌状复叶,稀单叶;小叶片 3~5,稀 2 或 7,长圆状披针形至椭圆状披针形。圆锥花序顶生;伞形花序有花 10 余朵;花白色;花瓣 5,三角状卵形。果实球形,侧扁。花期 9~10 月,果期 12 月至翌年 1 月。

分布(生境):在中国分布于贵州、四川、云南(宾川、邓川、洱源、丽江、维西、中甸、贡山、德钦、鹤庆、兰坪、大姚、昆明、武定、禄劝、嵩明、玉溪、富民、寻甸、石屏、富宁、永平、镇康)。越南也有分布。生于海拔 1500~3000 米的森林或灌木丛中。

食用部位及方法:嫩梢,炒食或焯水后凉拌食用。

采食时间:春季。

中国苦树

Picrasma chinensis P. Y. Chen

苦木科 Simaroubaceae

别(俗)名:苦树

形态特征:乔木。叶互生,奇数羽状复叶,有小叶 5~9;小叶对生或近对生,长圆形或卵状长圆形。圆锥花序腋生,雄花序稍长于两性花花序;花杂性,通常 4 基数,有时 5 基数,雄花比两性花小;花瓣 4,黄绿色,卵状长圆形,雄蕊 4;花盘 4 裂;两性花:花瓣 4,卵状长圆形,雄蕊 4,心皮 4 室,柱头 4 裂。果为核果,圆球形。花期 4~5 月,果期 6~8 月。

分布(生境):在中国分布于广西、西藏、云南(富宁、景洪、景东、绿春、西畴)。生于海拔 600~1400 米的山地疏林或密林中。

食用部位及方法:嫩梢、花序,拌佐料一起舂烂食用。

采食时间:春季。

Senegalia rugata (Lam.) Britton & Rose

含羞草科 Mimosaceae

皱荚藤儿茶

形态特征：攀缘藤本。小枝、叶轴有倒刺；二回羽状复叶，羽片 6~10 对；总叶柄近基部及最顶 1~2 对羽片之间有 1 个腺体；小叶 15~25 对，线状长圆形。头状花序球形，再排成圆锥花序，花序分枝被茸毛；花白色或淡黄，芳香；花萼漏斗状，长 2 毫米；花冠稍突出。荚果带形，有种子 6~10 颗。花期 4~6 月，果期 7~12 月。

分布(生境)：在中国产于江西、湖南、广东、广西、贵州、云南。国外亚热带地区广布。生于疏林或灌丛中。

食用部位及方法：嫩梢，炒食、做汤，味酸，可调酸。

采食时间：春季。

竹叶花椒

Zanthoxylum armatum Candolle

芸香科 Rutaceae

别(俗)名:藤椒

形态特征:落叶小乔木。茎枝多锐刺,刺基部宽而扁。小叶背面中脉有小刺;叶有小叶 3~9、稀 11 片,对生,披针形有时为卵形。花序近腋生或同时生于侧枝之顶,有花 30 朵以内;花被片 6- 8 片。果紫红色,有微凸起少数油点,种子褐黑色。花期 4~5 月,果期 8~10 月。

分布(生境):在中国分布于安徽、福建、甘肃、广东、广西、贵州、河南、湖北、湖南、江苏、江西、陕西、山东、山西、四川、台湾、西藏、云南(除滇东北、滇东外的绝大部分地区)、浙江。孟加拉国、不丹、印度、印度尼西亚、日本、克什米尔、朝鲜、老挝、缅甸、尼泊尔、巴基斯坦、菲律宾、泰国、越南均有分布。生海拔 600~3100 米的灌丛中。

食用部位(营养成分)及方法:嫩梢,做芳香佐料,切细与牛肉、鱼等一起煮食或与土豆丝一起干焙煎食,也可焯水后凉拌。嫩茎含有蛋白质 35200 毫克 / 千克,脂肪 16900 毫克 / 千克,钙 1700 毫克 / 千克,钾 3200 毫克 / 千克,磷 810 毫克 / 千克,氨基酸总量 2880 毫克 / 千克,必需氨基酸合计 1171 毫克 /100 克(李佩洪等,2017)。

采食时间:春、夏季。

Boehmeria nivea (L.) Gaudich.

荨麻科 Urticaceae

苎麻

别(俗)名:野麻、元麻、钻地风

形态特征:亚灌木或灌木。叶互生,圆卵形或宽卵形,少数卵形、顶端骤尖。圆锥花序腋生,或植株上部的为雌性其下的为雄性,或同一植株的全为雌性。瘦果近球形,长约 0.6 毫米,光滑,基部突缩成细柄。花期 8~10 月。

分布(生境):在中国产于云南、贵州、广西、广东、福建、江西、台湾、浙江、湖北、四川,以及甘肃、陕西、河南的南部广泛栽培。越南、老挝等地也有分布。生于山谷林边或草坡,海拔 200~1700 米。

食用部位及方法:嫩梢、根,焯水后凉拌、炒食或煮食。

采食时间:春夏季。

叶

白木通

Akebia trifoliata subsp. *Australis* (Diels) T.Shimizu

木通科 Lardizabalaceae

别(俗)名:三叶木通、八月瓜

形态特征:木质藤本。小叶革质,卵状长圆形或卵形。总状花序腋生或生于短枝上。雄花紫色。雌花暗紫色。果长圆形,熟时黄褐色;种子卵形,黑褐色。花期 4~5 月,果期 6~9 月。

分布(生境):在中国产于长江流域各地,向北分布至河南、山西和陕西。生于海拔 300~2100 米的山坡灌丛或沟谷疏林中。

食用部位及方法:嫩叶,炒、代茶。

采食时间:春季。

斑果藤

别(俗)名:罗志藤

形态特征:木质藤本。叶革质,形多为长圆形或长圆状披针形。总状花序腋生,有时分枝或呈圆锥花序;无花瓣;雌雄蕊柄近锥形,无毛;子房椭圆形,无毛,有时在基部附近被毛;花柱 3~4 个,顶端外弯,无柱头。核果椭圆形,成熟时橘黄色,表面有淡黄色疣状斑点,内果皮薄而木质化;果柄,种子大型,1 粒,椭圆形。花期 4~5 月,果期 8~10 月。

分布(生境):在中国产于广东、海南、云南南部与东南部,为亚热带与热带海拔 1500 米以下灌丛或疏林中常见的藤本植物。尼泊尔、不丹、印度东北部、孟加拉国、缅甸、泰国北部、老挝、越南及柬埔寨都有分布。

食用部位(营养成分)及方法:叶代茶、果可食用。叶含氨基酸、多肽、蛋白质、糖、多糖、苷类、皂苷、有机酸、黄酮类、香豆素与内酯等化学成分(梁柏照,2016)。

采食时间:叶,四季;果,8~10 月。

薄叶崖豆

Millettia pubinervis Kurz

蝶形花科 Papilionaceae

别(俗)名:薄叶鸡血藤、薄叶崖豆藤

形态特征:小乔木。树皮灰色;粗糙。羽状复叶;托叶小,早落;小叶3~5对,披针状椭圆形,无小托叶。总状圆锥花序腋生或腋上生,花1~2朵着生节上;苞片小,披针形,花冠淡红色,旗瓣外被线状细柔毛,圆形,基部具2耳,瓣柄阔,翼瓣长圆形,较龙骨瓣短,龙骨瓣镰形;子房线形,胚珠2~6粒。荚果线形,扁平,瓣裂,有种子1~3粒;种子深褐色,扁圆形。花期4~8月,果期9月。

分布(生境):在中国产自云南(南部)。泰国、缅甸也有分布。生长于海拔500~800米有沟谷杂木林中。

食用部位(营养成分)及方法:嫩叶,煮食。

采食时间:春季。

篦齿苏铁

别(俗)名:苏铁、凤凰蛋

形态特征:棕蕨型灌木至乔木。树干圆柱形,高达 3 米。羽状叶长 1.2~1.5 米,叶轴横切面圆形或三角状圆形,柄两侧有疏刺,刺略向下弯,羽状裂片 80~120 对,条形或披针状条形,厚革质,坚硬,上面深绿色,下面绿色。雄球花长圆锥状圆柱形,小孢子叶楔形,大孢子叶密被褐黄色茸毛,上部的顶片斜方状宽圆形或宽圆形,宽较长为大或长宽几相等,宽 6~8 厘米,边缘有 30 余枚钻形裂片;上部两侧生胚珠 2~4 枚,胚珠无毛,卵圆形或近圆球形。种子卵圆形或椭圆状倒卵圆形,熟时暗红褐色,具光泽,干后外种, 皮常同中种皮分离开。

分布(生境):在中国分布于云南(普洱、思茅、普文、勐养)。孟加拉国、不丹、柬埔寨、印度、老挝、缅甸、尼泊尔、泰国、越南均有分布。生于海拔 800~1800 米疏林或灌木丛中。

食用部位(营养成分)及方法:嫩叶,剥去有柔毛的外皮后炒食;嫩茎,加工成淀粉后食用;种子含油和丰富的淀粉,微有毒,供食用和药用。

采食时间:嫩梢可在春季采食;种子于 10 月成熟后采食。

臭椿

Ailanthus altissima (Mill.) Swingle

苦木科 Simaroubaceae

别(俗)名:臭椿皮、大果臭椿、樗

形态特征:落叶乔木。奇数羽状复叶,小叶 13~27,对生或近对生,卵状披针形,基部两侧各具 1 或 2 个粗锯齿,齿背有腺体 1 个,叶柔碎后具臭味。圆锥花序;花淡绿色,花瓣 5,雄花中的花丝长于花瓣,雌花中的花丝短于花瓣。翅果长椭圆形,种子位于翅的中间,扁圆形。花期 4~5 月,果期 8~10 月。

分布(生境):中国除黑龙江、吉林、新疆、青海、宁夏、甘肃和海南外,各地均有分布,云南省东南部(富宁、西畴、文山)。世界各地广为栽培。

食用部位及方法:嫩叶、芽,凉拌,炒食。

采食时间:春、夏季。

刺楸

形态特征：落叶乔木。小枝散生粗刺。叶片长枝上互生，在短枝上簇生，圆形或近圆形，掌状5~7浅裂，裂片阔三角状卵形至长圆状卵形，基部心形。圆锥花序大，伞形花序有花多数；花白色或淡绿黄色；花瓣5，三角状卵形。果实球形，蓝黑色。花期7~10月，果期9~12月。

分布（生境）：分布广，中国北自东北起，南至广东、广西、云南，西至四川西部，东至海滨的广大区域内均有分布。多生于阳性森林、灌木林中和林缘，水湿丰富、腐殖质较多的密林，向阳山坡，甚至岩质山地也能生长。除野生外，也有栽培。垂直分布海拔自数十米起至千余米，在云南可达2500米，通常数百米的低丘陵较多。朝鲜、苏联和日本也有分布。

食用部位（营养成分）及方法：嫩叶、芽，焯水后凉拌、炒食或煮食。嫩芽中含有丰富的钙、镁及锌、铁等元素，β-胡萝卜素，约为25.60微克/克，是一种营养价值较高且污染较少的天然绿色食品（刘广平，1998）。

采食时间：春季。

刺桐

Erythrina variegate L.

蝶形花科 Papilionaceae

别(俗)名:鸡公树

形态特征:大乔木。枝有明显叶痕及黑色直刺。羽状复叶具3小叶,常密集枝端;小叶宽卵形或菱状卵形,小叶柄基部有一对腺体状的托叶。总状花序顶生,有密集、成对着生的花;总花梗木质,花萼佛焰苞状,偏斜,分裂到基部,不为二唇形,花冠红色,旗瓣椭圆形,龙骨瓣2片分离,翼瓣与龙骨瓣近等长。荚果黑色,种子肾形,暗红色。花期3月,果期8月。

分布(生境):在中国产自台湾、福建、广东、广西等地,云南有栽培。常见于树旁或近海溪边,或栽于公园。原产印度至大洋洲海岸林中,内陆亦多有栽植。马来西亚、印度尼西亚、柬埔寨、老挝、越南亦有分布。

食用部位及方法:嫩叶、花,可炒食。

采食时间:春季。

Ficus auriculata Loureiro

桑科 Moraceae

大果榕

别(俗)名:木瓜榕、馒头果、大无花果、波罗果、大木瓜、蜜枇杷、大石榴

形态特征:乔木或小乔木。叶互生,厚纸质,广卵状心形。榕果簇生于树干基部或老茎短枝上,大而梨形或扁球形至陀螺形,雄花,花被片3,匙形,雄蕊2,花药卵形;雌花,生于另一植株榕果内,有或无柄,花被片3裂,子房卵圆形,花柱侧生,被毛,较瘿花花柱长。瘦果有黏液。花期8月至翌年3月,果期5~8月。

分布(生境):在中国分布于广东、广西、贵州、海南、四川、云南(禄劝、双柏、建水、华坪、漾濞、泸水、瑞丽、福贡、贡山、临沧、沧源、凤庆、镇康、西双版纳、绿春、金平、屏边、河口、西畴),不丹、印度、印度尼西亚、缅甸、尼泊尔、巴基斯坦、泰国、越南均有分布。生于海拔100~2100米的沟谷林中。

食用部位及方法:鲜果,作水果鲜食或拌米做成水果美餐;嫩果,洗净蘸用蔬菜(如西红柿)等做成的菜酱食用;八成熟果实,去皮和种子,切细,水洗,然后拌米一起煮成饭食用;嫩梢,炒食或与其他野菜做成杂菜。

采食时间:嫩茎叶,春夏季。

滇皂荚

Gleditsia japonica Miq. var. delavayi (Franch.) L. C. L.

苏木科 Caesalpiniaceae

别(俗)名:滇皂角、皂角米树

形态特征:落叶乔木或小乔木。小枝刺常分枝。叶为一回或二回羽状复叶(具羽片 2~6 对),卵状长圆形或卵状披针形至长圆形(二回羽状复叶的小叶显著小于一回羽状复叶的小叶)。花黄绿色,组成穗状花序;花序腋生或顶生。荚果带形,扁平。花期 4~6 月,果期 6~11 月。

分布(生境):在中国分布于云南(昆明、嵩明、大姚、禄丰、宾川、漾濞、会泽、永胜、维西、贡山、文山、砚山、蒙自、建水、屏边和景东)和贵州。常见于海拔 1200~2500 米的山坡疏林或路边村旁。

食用部位(营养成分)及方法:嫩叶,可炒食。皂角米蛋白质含量 2.37%~3.64%,总糖及粗纤维含量均低于 1%,氨基酸种类齐全,包括 8 种必需氨基酸及 9 种非必需氨基酸;富含钾、磷、钙、镁、钠、铁、锌、锰、铜等 9 种矿质元素(曾为林等,2017)。

采食时间:春、秋季。

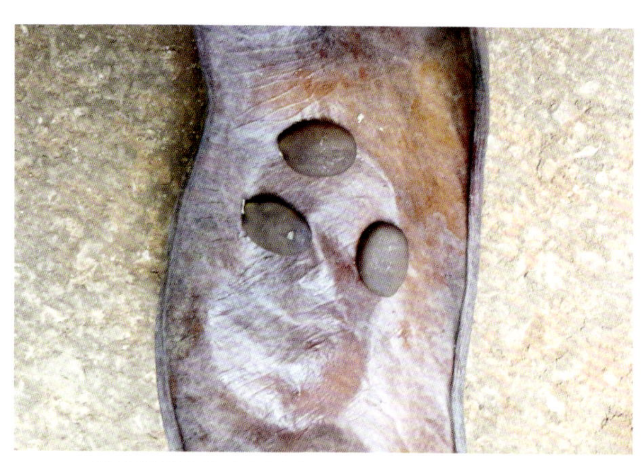

Ilex chinensis Sims

冬青科 Aquifoliaceae

形态特征：常绿乔木。叶片椭圆形或披针形。雄花花序具3~4回分枝，每分枝具花7~24朵；花淡紫色或紫红色，4~5基数，花瓣卵形；雌花花序具1~2回分枝，具花3~7朵，花瓣同雄花。果长球形，成熟时红色。花期4~6月，果期7~12月。

分布（生境）：在中国产于江苏、安徽、江西、福建（崇安、仙游、连城、沙县）、台湾、河南（信阳、新县）、湖北、湖南、广东、广西和云南（腾冲）等地。生于海拔500~1000米的山坡常绿阔叶林中和林缘。

食用部位（营养成分）及方法：嫩叶及芽，可做蔬菜炒食。

采食时间：春季。

豆腐柴

Premna microphylla Turcz.

唇形科 Lamiaceae

形态特征：直立灌木。叶揉之有臭味，卵状披针形、椭圆形、卵形或倒卵形。聚伞花序组成顶生塔形的圆锥花序；花萼杯状，绿色，边缘常有睫毛，近整齐 5 浅裂；花冠淡黄色，外有柔毛和腺点，花冠内部有柔毛，以喉部较密。核果紫色，球形至倒卵形。花果期 5~10 月。

分布（生境）：在中国产于华东、中南、华南以至四川、贵州等地。生山坡林下或林缘。

食用部位（营养成分）及方法：叶片，榨汁制作观音豆腐或焯水后炒食或凉拌。冷冻干燥的豆腐柴叶干粉的氨基酸、还原糖、总酚与总黄酮含量，分别为 36.16 毫克 / 克、61.98 毫克 / 克、6.31 毫克 / 克和 106.56 毫克 / 克，能制作出品质较佳的柴叶豆腐（忻晓庭等，2022）。

采食时间：春、夏季。

杜仲

别(俗)名:树杜仲

形态特征:落叶乔木。树皮灰褐色,粗糙,内含橡胶,折断拉开有多数细丝。叶椭圆形、卵形或矩圆形,薄革质。花生于当年枝基部,雄花无花被。雌花单生,苞片倒卵形。翅果扁平,长椭圆形;坚果位于中央。种子扁平,线形,两端圆形。早春开花,秋后果实成熟。

分布(生境):在中国分布于陕西、甘肃、河南、湖北、四川、云南、贵州、湖南及浙江等地,现各地广泛栽种。在自然状态下,生长于海拔300~500米的低山、谷地或低坡的疏林里,对土壤的选择并不严格,在瘠薄的红土,或岩石峭壁均能生长。

食用部位(营养成分)及方法:叶,煎汤、煮蛋、做粥、药膳。杜仲叶含有丰富的蛋白质(11.50克/100克),膳食纤维(38.40克/100克),α-亚麻酸(55.5%以脂肪计),以及钾、钙、镁、铁元素和多种微量元素。杜仲叶氨基酸含量丰富且种类齐全,已达优质蛋白标准。每百克杜仲叶中的粗多糖、总多酚、总黄酮的含量分别为0.989克、8.360克、1.590克(王翔等,2019)。

采食时间:春季。

胡枝子

Lespedeza bicolor Turcz.

蝶形花科 Papilionaceae

形态特征：直立灌木。羽状复叶具 3 小叶；小叶卵形、倒卵形或卵状长圆形。总状花序腋生，常构成大型、较疏松的圆锥花序；花冠红紫色，旗瓣倒卵形，龙骨瓣与旗瓣近等长，先端钝，基部具较长的瓣柄；子房被毛。荚果斜倒卵形。花期 7~9 月，果期 9~10 月。

分布（生境）：在中国产于黑龙江、吉林、辽宁、河北、内蒙古、山西、陕西、甘肃、山东、江苏、安徽、浙江、福建、台湾、河南、湖南、广东、广西等地。生于海拔 150~1000 米的山坡、林缘、路旁、灌丛及杂木林间。朝鲜、日本也有分布。

食用部位（营养成分）及方法：种子油可供食用，叶可泡茶。同属尖叶胡枝子粗蛋白质含量 11.12%~15.08%、粗脂肪 1.69%~2.48%、粗纤维 22.83%~33.87%、钙 1.61%~1.98%、磷 0.88%~1.22%、胡萝卜素 20.75~94.47 毫克 / 千克（孙启忠，2007）。

采食时间：叶，春、夏季；种子，9~10 月。

黄连木

别(俗)名:鸡冠木、黄连茶

形态特征:落叶乔木。奇数羽状复叶互生,小叶卵状披针形或线状披针形。花单性异株,先花后叶,圆锥花序腋生,雄花序排列紧密,雌花序排列疏松,雄花花被片 2~4,披针形或线状披针形,雄蕊 3~5,雌蕊缺;雌花花被片 7~9,披针形或线状披针形,不育雄蕊缺。核果倒卵状球形,成熟时紫红色。

分布(生境):在中国产长江以南各地及华北、西北;云南分布范围广,分布于昆明、嵩明、玉溪、江川、澄江、通海、华宁、易门、峨山、保山、龙陵、丽江、楚雄、双柏、大姚、禄丰、红河、开远、蒙自、石屏、砚山、西畴、丘北、广南、大理、宾川、巍山、永平、鹤庆、泸水、维西等地,常见于海拔 140~3550 米的石山林中。菲律宾亦有分布。

食用部位(营养成分)及方法:嫩叶及芽,可炒食或煎蛋。果实的含油率为 29.6%~38.6%,果肉含油率为 40.4%~64.5%,种仁含油率为 44.8%~56.0%。种子出油率为 20.0%~30.0%;黄连木的鲜叶中含有 0.12% 的芳香油,叶含鞣质 10.8%(刘劲,2021)。

采食时间:春季。

鸡嗉子榕

Ficus semicordata Buch.-Ham. ex J. E. Sm.

桑科 Moraceae

别(俗)名:鸡嗉子、鸡嗉子果

形态特征:小乔木,树冠平展,伞状。叶排为两列,长圆状披针形;托叶披针形,红色。榕果生于老茎发出的无叶小枝上,果枝下垂至根部或穿入土中;榕果球形,被短硬毛,有侧生苞片,基生苞片3,被毛,成熟榕果紫红色;雄花,生于榕果内壁近口部,花被片3枚,红色,倒披针形;瘿花,花被片线状披针形,4~5枚;雌花花被片与瘿花同,基部有苞片1枚,子房卵状椭圆形,花柱侧生,长,柱头圆柱形,浅2裂。瘦果宽卵形,顶端一侧微缺,微具瘤体。花期5~10月。

分布(生境):在中国产于广西、贵州、云南(海拔420~2800米)、西藏(墨脱)。常生于路旁、林缘或沟谷。马来西亚(雪兰峨以北)、越南、泰国、缅甸、不丹、尼泊尔、印度中部也有分布。

食用部位(营养成分)及方法:嫩叶,炒或煮食,果可食。

采食时间:春、夏季。

Picrasma quassioides (D. Don) Benn.

苦木科 Simaroubaceae

别(俗)名:苦木、苦楝树、苦檀木、苦皮树、黄楝树、熊胆树

形态特征:落叶乔木,全株有苦味。叶互生,奇数羽状复叶,小叶 9~15,卵状披针形或广卵形。花雌雄异株,组成腋生复聚伞花序,花瓣卵形或阔卵形。核果成熟后蓝绿色。花期 4~5 月,果期 6~9 月。

分布(生境):在中国产于云南中部(富民、禄丰)、东南部(屏边、砚山)、南部(普洱)、西南部(凤庆)、西部(鹤庆);黄河流域以南。克什米尔地区经尼泊尔、不丹、印度东北部向东达朝鲜、日本均产之,生于海拔 (1400~)1650~2400 米的山地杂木林中。

食用部位及方法:嫩叶,焯水后炒食。

采食时间:春季。

昆明榆

Ulmus kunmingensis W. C. Cheng 104

榆科 Ulmaceae

形态特征：落叶乔木。叶卵形或卵状椭圆形，先端渐尖或短尖，边缘常具单锯齿，叶下面脉腋处有簇生毛。花常自混合芽抽出，散生于新枝基部或近基部的苞片（稀叶）的腋部。翅果长圆形或椭圆状长圆形，全被短毛，宿存花被钟形，被短毛，花被裂片 4~5。花果期 3~4 月。

分布：在中国分布于云南（大理、昆明、宜良、玉溪）、四川、贵州、广西等地。

食用部位及方法：嫩叶，做菜凉拌、炒、蒸、煮；嫩果，炒、蒸、煮粥、做汤。

采食时间：春季。

Moringa oleifera Lam.

辣木科 Moringacea

辣木

别(俗)名:鼓槌树

形态特征:乔木。根有辛辣味。叶通常为三回羽状复叶,在羽片的基部具线形或棍棒状稍弯的腺体;腺体多数脱落,羽片4~6对;小叶3~9片,卵形、椭圆形或长圆形。花序广展,花白色,芳香,花瓣匙形。蒴果细长,3瓣裂;种子近球形,有3棱,每棱有膜质的翅。花期全年,果期6~12月。

分布(生境):在中国广东(广州)、海南(儋州)、台湾等地有栽培,常种植在村旁、园地。原产印度,现广植于各热带地区。

食用部位(营养成分)及方法:花及嫩叶炒食。嫩叶中氨基酸总含量为28.53%,成熟叶中氨基酸含量为30.67%;蛋白质含量26.83%,维生素A的含量为163毫克/100克、维生素B为30.7毫克/100克、维生素C为173毫克/100克、维生素E为113毫克/100克;100克辣木叶粉中,钾含量为1550.555毫克、磷含量为565.125毫克、镁含量为324.310毫克、钙含量为12.072毫克、铁含量为16.480毫克(崔一凡等,2022)。

采食时间:四季。

南蛇藤

Dregea volubilis (L. f.) Benth. ex Hook. f.

卫矛科 Celastracea

别(俗)名:过山枫、挂廓鞭、过山龙、大南蛇、老龙皮、穿山龙、老牛筋、黄果藤等

形态特征:木质大藤本。茎具皮孔,枝条灰褐色,具小瘤状凸起。叶宽卵形或近圆形,顶端急尖或短渐尖,基部截形或浅心形;侧脉每边约 4 条。花组成伞状聚伞花序,腋生,倒垂;花梗长 2~2.5 厘米;花冠黄绿色,夜吐清香,裂片广卵形。蓇葖披针状圆柱形,种子广卵形,扁平,有薄边,棕黄色,顶端具白色绢质种毛;种毛长 4.5 厘米。花期 4~9 月,果期 7~12 月。

分布(生境):在中国产于贵州、云南、广西、广东及台湾等地。生长于海拔 500 米以下山地林中,常攀缘于大树上,间有栽培于农村中。印度、孟加拉国、泰国、越南、印度尼西亚和菲律宾均有分布。

食用部位(营养成分)及方法:嫩叶,炒、水烫或浸泡后凉拌。植物中 C_{21} 甾体类成分具有抗肿瘤和免疫调节的作用,木质素类化合物具有抗病毒、抗炎等活性(Ma Jun et al.,2007)。

采食时间:几乎一年四季。

Vaccinium bracteatum Thunb.

杜鹃花科 Ericaceae

别(俗)名：染菽、乌饭树、米饭树、乌饭叶、康菊紫、饭筒树、乌饭子、零丁子

形态特征：常绿灌木或小乔木。叶片椭圆形、菱状椭圆形、披针状椭圆形至披针形。总状花序顶生和腋生，花冠白色，筒状。浆果熟时紫黑色，外面通常被短柔毛，稀无毛。花期 6~7 月，果期 8~10 月。

分布(生境)：在中国产于华东、华中、华南至西南，云南分布于大理、凤庆、镇沅、景东、双柏、峨山、砚山、西畴、蒙自、屏边等地。生于丘陵地带或海拔 400~1400 米的山地，常见于山坡林内或灌丛中。朝鲜、日本(南部)，南至中南半岛诸国、马来半岛、印度尼西亚也有分布。

食用部位(营养成分)及方法：果实成熟后酸甜，可食；采摘枝、叶渍汁浸米，煮成“乌饭”。南烛叶微量元素钙(Ca)、钾(K)、锌(Zn)、铁(Fe)、锰(Mn)、铜(Cu)、锶(Sr) 含量比较高(刘琪和蒋立文，2018)。Fe、Mn、Se、Ca 含量较丰富，分别为 8.41 毫克 /100 克、404.94 毫克 /100 克、19 微克 /100 克、1 050.12 毫克 /100 克(陈涵贞等，2008)。

采食时间：果实，8~10 月；枝叶，几乎全年。

普洱茶

Camellia sinensis var. *assamica* (J. W. Masters) Kitamura

山茶科 Theaceae

别(俗)名:大叶茶、茶树

形态特征:常绿乔木或灌木。幼枝和幼叶被细柔毛。叶革质,椭圆形或倒卵状长圆形,两面无滑无毛。花单生或 2~4 朵组成生聚伞花序,白色;花瓣 7~8(~9),宽倒卵形或圆形。蒴果圆球形或扁球形,直径约 25 厘米,果皮革质;种子 1 或 2,近球形,微有棱角,直径 1.5~1.8 厘米,淡褐色。

分布(生境):在中国主要产自云南勐海、勐腊、思茅、耿马、沧源、双江、临沧、元江、景东、大理、屏边,河口、马关、麻栗坡、文山、西畴、广南。生于海拔 1200~1400 米亚热带、热带山地森林中。越南北部、泰国、缅甸、印度也有分布。

食用部位(营养成分)及方法:嫩梢,做汤食用,或开水烫软、滤干后装入竹桶中,然后埋入土中 30~50 厘米,1 ~ 2 个月后发酵变酸后直接食用,或将竹桶倒挂于房前屋后,发酵变酸后做汤或直接食用。普洱茶中含有茶多酚、可溶性糖和氨基酸,儿茶素和黄酮类化合物、微量元素、他汀类、挥发性成分等,茶多酚、茶色素、茶生物碱、茶皂素、氟等活性成分具有抑菌抗炎、抗菌防蛀、去除口臭和烟毒成分等,生物碱具有减肥降脂功效,普洱茶中的茶多酚具有抗肿瘤等作用(叶春苗,2018)。

采食时间:2~11 月。

秋枫

别(俗)名：万年青树、赤木、茄冬、加冬、秋风子(江苏)、木梁木、加当、重阳木

形态特征：常绿或半常绿大乔木，砍伤树皮后流出汁液红色，干凝后变瘀血状；木材鲜时有酸味。三出复叶，稀5小叶，小叶片纸质，卵形、椭圆形、倒卵形或椭圆状卵形。花小，雌雄异株，多朵组成腋生的圆锥花序。果实浆果状，圆球形或近圆球形；种子长圆形，长约5毫米。花期4~5月，果期8~10月。

分布(生境)：在中国分布于安徽、福建、广东、广西、贵州、海南、河南、湖北、湖南、江苏、江西、陕西、四川、台湾、云南(富宁、麻栗坡、马关、文山、西畴、砚山、河口、金平、屏边、绿春、思茅、景洪、勐腊、勐海、景东、瑞丽、沧源、耿马、陇川、临沧、双江、凤庆、镇康、澜沧、蒙自、双柏、新平、元江、峨山、江川)、浙江。不丹、柬埔寨、印度、印度尼西亚、日本、老挝、马来西亚、尼泊尔、菲律宾、斯里兰卡、泰国、越南、澳大利亚，以及太平洋诸岛(波利尼西亚)均有分布。生于海拔500~1800米的林下山地、潮湿沟谷林中，或栽培于河边堤岸，或路边作行道树。

食用部位及方法：嫩叶，炒食。

采食时间：春季。

桑 *Morus alba* L.

桑科 Moraceae

别(俗)名：家桑、桑树

形态特征：乔木或为灌木。叶卵形或广卵形，雄花序下垂，密被白色柔毛，雄花花被片宽椭圆形，淡绿色；雌花序无梗，花被片倒卵形，顶端圆钝，外面和边缘被毛，两侧紧抱子房，无花柱，柱头2裂，内面有乳头状突起。聚花果卵状椭圆形，成熟时红色或暗紫色。花期4~5月，果期5~8月。

分布(生境)：本种原产中国中部和北部，现东北至西南，西北直至新疆均有栽培。朝鲜、日本、蒙古、中亚各国、欧洲等地以及印度、越南亦有栽培。

食用部位(营养成分)及方法：嫩叶和雄花序，炒食用。桑葚果实中含有丰富的葡萄糖、蔗糖、果糖、胡萝卜素、维生素、苹果酸、琥珀酸、酒石酸及矿物质钙、磷、铁、铜、锌等。既可入食，又可入药。

采食时间：春季。

Trema tomentosa (Roxb.) Hara

大麻科 Cannabaceae

别(俗)名:麻桐树、麻络木、山麻

形态特征:小乔木或灌木。叶纸质或薄革质,宽卵形或卵状矩圆形。雄花序几乎无梗,花被片5,卵状矩圆形,外面被微毛;雌花序具短梗,花被片5~4,三角状卵形。核果宽卵珠状,褐黑色或紫黑色,具宿存的花被;种子阔卵珠状。花期3~6月,果期9~11月,在热带地区,几乎四季开花。

分布(生境):在中国产自福建南部、台湾、广东、海南、广西、四川西南部和贵州、云南和西藏东南部至南部。生于海拔100~2000米湿润的河谷和山坡混交林中,或空旷的山坡。也分布于非洲东部、不丹、尼泊尔、印度、斯里兰卡、孟加拉国、缅甸、中南半岛、马来半岛、印度尼西亚、日本和南太平洋诸岛。

食用部位及方法:嫩叶,煮熟,浸泡去涩味,凉拌。

采食时间:春、夏季。

蛇藤

Colubrina asiatica (L.) Brongn.

鼠李科 Rhamnaceae

别(俗)名: 亚洲滨枣

形态特征: 藤状灌木。叶互生,近膜质或薄纸质,卵形或宽卵形。花黄色,五基数,腋生聚伞花序;花瓣倒卵圆形,具爪;花盘厚,近圆形。蒴果状核果,圆球形,成熟时室背开裂,内有3个分核,每核具1种子。花期6~9月,果期9~12月。

分布(生境): 在中国产于广东南部(徐闻和海南岛)、广西(东兴)、台湾。生于沿海沙地上的林中或灌丛中。印度、斯里兰卡、缅甸、马来西亚、印度尼西亚、菲律宾、澳大利亚、非洲和太平洋群岛也有分布。

食用部位及方法: 嫩叶,焯水,浸泡后炒食或拌食。

采食时间: 春季。

树头菜

别(俗)名:鱼木

形态特征:乔木。小叶薄革质。总状或伞房花序着生在下部有数叶的小枝顶部,生花的部位与生叶的部位略有重叠,花瓣白色或黄色,果球形,干后灰色至灰褐色,表面粗糙,有近圆形灰黄色小斑点。

分布(生境):在中国分布于福建、广东、广西、海南、云南(西部、西南部、南部及东南部)。孟加拉国、不丹、柬埔寨、印度、老挝、缅甸、尼泊尔、越南亦有分布。生于平地或1500米以下的湿润地区,村边道旁常有栽培。

食用部位(营养成分)及方法:嫩梢,放入水中泡2~3天,变酸后炒食或做汤。嫩叶富含蛋白质、胡萝卜素、维生素及各种矿质元素。每100克嫩叶中含粗蛋白7.45克,总氨基酸2.72克,必需氨基酸1.12克,胡萝卜素1.872克,硫胺素0.038毫克,维生素C 160.96毫克(王子青,2019)。

采食时间:春、夏季。

细毛樟

Cinnamomum tenuipile Kostermans

樟科 Lauraceae

形态特征：常绿小至大乔木。树皮灰色；枝纤细，幼枝极密被灰色茸毛，老枝渐变无毛，略具棱角，有纵向细条纹。叶互生，近聚生于枝梢，倒卵形或近椭圆形，中脉和侧脉在上面凹陷下面凸起；叶柄长 1~1.5 厘米，腹凹背凸，密被灰色茸毛。圆锥花序腋生或近顶生，纤细，具 12~20 花，具短小分枝，末端为具 3 花的聚伞花序；总梗纤细，长约为花序全长的 2/3，与各级序轴极密被灰色茸毛；花小，淡黄色，长约 3 毫米；花梗长 3~5 毫米，密被灰色茸毛。果近球形，成熟时红紫色；果托伸长，长达 1.5 厘米，顶端增大成浅杯状。

分布（生境）：在中国分布于云南（南部、西部）。生于海拔 580~2100 米的山谷或谷地的灌丛、疏林或密林中。

食用部位（营养成分）及方法：鲜叶，切细或捣碎作肉食类佐料。细毛樟根、茎、叶均含精油，广泛应用于香料、医药、食品饮料、化工等领域（程必强等，1993；姜睿等，2021）。在云南西双版纳勐仑采集 1 株 6 年生细毛樟新鲜叶片，主成分分析发现芳樟醇含量高达 97.51%（喻学俭等，1987）。

采食时间：全年。

细青皮

别(俗)名:高阿丁枫、阿丁枫、青皮树

形态特征:常绿乔木。嫩枝无毛或稍有短柔毛,老枝有皮孔。叶薄,卵形或长卵形;叶柄较纤细,略有柔毛。雄花头状花序常多个再排成总状花序,雄蕊多数,花丝极短,雌花头状花序,通常单生,有花 14~22 朵。头状果序近圆球形,蒴果完全藏于果序轴内;种子多数,褐色。

分布(生境):在中国分布于云南的瑞丽、腾冲、镇康、沧源、西双版纳至红河、金平、屏边、河口,以及西藏东南部(墨脱)。不丹、印度东北部(阿萨姆)、缅甸、马来半岛至印度尼西亚(苏门答腊、爪哇)等地有分布。生长在海拔 1500~2100 米的常绿阔叶林中。

食用部位及方法:嫩叶及新条,炒食。

采食时间:春季。

香叶树

Lindera communis Hemsl.

樟科 Lauraceae

别(俗)名:香果树、细叶假樟、千斤香、千金树、野木姜子、香叶子、大香叶

形态特征:常绿灌木或小乔木。叶互生,通常披针形、卵形或椭圆形。伞形花序具 5~8 朵花,单生或 2 个同生于叶腋;雄花黄色。雌花黄色或黄白色。果卵形,成熟时红色。花期 3~4 月,果期 9~10 月。

分布(生境):在中国产自陕西、甘肃、湖南、湖北、江西、浙江、福建、台湾、广东、广西、云南、贵州、四川等地。常见于干燥砂质土壤,散生或混生于常绿阔叶林中。中南半岛也有分布。

食用部位(营养成分)及方法:叶片、果实,调味料,种仁也可供食用,作可可豆脂代用品。果实、果皮、种仁的含油率分别为 45.2% 、39.1% 和 60.4% ,种仁油脂月桂酸含量高达 72. 07% ,癸酸含量为 21.13%。果皮中精油成分含量最高,达 8.0 毫升 / 千克(罗凡等,2015)。

采食时间:叶片,全年;果实,9~10 月。

Neocinnamomum delavayi (Lec.) Liou

樟科 Lauraceae

别(俗)名：新樟、云南桂，少花新樟，肉桂树，羊角香，香叶树，梅叶香，野香叶树，荷花香，荷叶香，香桂子，香叶子

形态特征：灌木或小乔木。树皮黑褐色；枝条纤细，圆柱形，具条纹，幼时被锈色或白色细绢毛，老时毛被渐脱落。叶互生，椭圆状披针形至卵圆形或宽卵圆形，三出脉。团伞花序腋生，具 (1)4~6 (10) 花，花小，黄绿色；花被筒极短，花被裂片 6，能育雄蕊 9，退化雄蕊近匙形或卵圆形。果卵球形，成熟时红色；果托高脚杯状，花被片宿存。花期 4~9 月，果期 9 月至翌年 1 月。

分布(生境)：在中国产自云南、四川南部及西藏东南部。生于灌丛、林缘、疏林或密林中，沿河谷两岸、沟边或在排水良好的石灰岩上，海拔 1100~2300 米。

食用部位(营养成分)及方法：枝、叶做烹饪香料。叶中含有挥发性单萜、倍半萜和酯类等成分，茎中含有酚苷、木脂素、倍半萜、黄酮以及甾醇类化合物(杨敏杰等，2015)。

采食时间：全年。

香橼

Citrus medica L.

芸香科 Rutaceae

别(俗)名:枸橼、枸橼子

形态特征:灌木或小乔木。茎枝多刺,单叶,稀兼有单身复叶。总状花序有花达 12 朵,有时兼有腋生单花;花两性,花瓣 5 片。果椭圆形、近圆形或两端狭的纺锤形,果皮淡黄色,内皮白色或略淡黄色,棉质,松软,果肉近于透明或淡乳黄色,爽脆,味酸或略甜,有香气。花期 4~5 月,果期 10~11 月。

分布(生境):在中国产自台湾、福建、广东、广西、云南等地,南部较多栽种。越南、老挝、缅甸、印度也有分布。

食用部位(营养成分)及方法:嫩叶,用作配料或佐料煮食,果,可直接食用或做药膳煮食。成熟香橼果实富含柚皮苷、β-谷甾醇、枸橼酸、维生素 C 以及多种人体必需的微量元素;果皮中含多种胡萝卜素以及芳香油;种子含黄柏酮、黄柏内酯;香橼果皮芳香油组分以萜烯类碳氢化合物、含氧衍生物及长链脂肪酸(以亚油酸、棕榈酸为主)(刘春泉等,2014)。

采食时间:嫩叶,春季;果实,10~11 月。

Solanum spirale Roxburgh

茄科 Solanaceae

旋花茄

别(俗)名:大苦溜溜、海苦草、帕笠(傣语)等

形态特征:直立灌木。叶大,椭圆状披针形。聚伞花序螺旋状,对叶生或腋外生,花冠白色,5 深裂,裂片长圆形。浆果球形,橘黄色;种子多数,压扁,直径约 2.5 毫米。花期夏秋,果期冬春。

分布(生境):在中国产自云南、广西、湖南。多生长于溪边灌木丛中或林下,稀生于荒地,海拔 500~1900 米。印度、孟加拉国、缅甸及越南也有分布。

食用部位(营养成分)及方法:嫩叶,煮或炒食用。

采食时间:春季。

圆锥菝葜

Smilax bracteata Presl

菝葜科 Smilacacea

别(俗)名:菝葜

形态特征:攀缘灌木。枝条疏生刺或无刺。叶纸质,椭圆形或卵形。圆锥花序着生点上方有一枚与叶柄相对的鳞片(先出叶),通常具3~7个伞形花序;伞形花序具多数花;花暗红色;雌花比雄花小。浆果球形。花期11月至翌年2月,果期6~8月。

分布(生境):在中国产自台湾、福建(南部)、广东(海南岛)、广西(南部)、贵州(南部)和云南(贡山、嵩明、师宗、江川、峨山、蒙自、文山、西畴、富宁、勐腊)。也分布于日本、菲律宾、越南和泰国。生于海拔1750米以下的林中、灌丛下或山坡荫蔽处。

食用部位及方法:嫩叶,焯水炒食。

采食时间:春、夏季。

Catalpa ovate G. Don

紫葳科 Bignoniaceae

梓树

别(俗)名:黄花楸、梓、楸树

形态特征:乔木,树冠伞形,主干通直。叶片对生,有时轮生,阔卵形,长宽近相等,顶端渐尖,基部心形,全缘或浅波状,叶片上面及下面均粗糙,微被柔毛,叶柄长。圆锥花序顶生;花冠钟状,淡黄色。蒴果线形,下垂,种子长椭圆形。

分布(生境):在中国产自长江流域及以北地区。日本也有。多栽培于村庄附近及公路两旁,野生者已不可见,海拔(500 ~)1900~2500米。

食用部位及方法:嫩叶,可炒食。

采食时间:春、夏季。

中国无忧花

Saraca dives Pierre

苏木科 Caesalpiniaceae

别(俗)名:无忧树

形态特征:乔木。叶有小叶 5~6 对,长椭圆形、卵状披针形或长倒卵形。花黄色。荚果棕褐色,果瓣卷曲;种子 5~9 颗,形状不一,扁平,两面中央有一浅凹槽。花期 4~5 月,果期 7~10 月。

分布(生境):在中国产自云南东南部至广西西南部、南部和东南部。广州华南植物园有少量栽培。普遍生于海拔 200~1000 米的密林或疏林中,常见于河流或溪谷两旁。越南、老挝也有分布。

食用部位及方法:嫩叶和花,炒食做汤。

采食时间:3~5 月。

花

鞍叶羊蹄甲

Bauhinia brachycarpa Wall.

苏木科 Caesalpiniaceae

别(俗)名：马鞍叶羊蹄甲、夜关门、马鞍叶

形态特征：直立或攀缘小灌木。叶纸质或膜质，近圆形，通常宽度大于长度，基部近截形、阔圆形或有时浅心形，先端2裂达中部。伞房式总状花序侧生，密集的花十余朵；苞片线形，早落；花蕾椭圆形；花瓣白色，倒披针形，具羽状脉。荚果长圆形，扁平；种子2~4颗，卵形，略扁平，褐色，有光泽。花期5~7月，果期8~10月。

分布(生境)：在中国产自四川、云南、甘肃、湖北。生丁海拔800~2200米的山地草坡和河溪旁灌丛中。模式标本采自阿瓦，印度、缅甸和泰国有分布。

食用部位及方法：花，炒食或煮汤。

采食时间：5~7月。

白刺槐

Sophora davidii (Franchet) Skeels

蝶形花科 Papilionaceae

别(俗)名:苦刺花

形态特征:灌木或小乔木。羽状复叶;托叶钻状,部分变成刺,宿存;小叶 5~9 对,形态多变,一般为椭圆状卵形或倒卵状长圆形,常具芒尖,基部钝圆形。总状花序着生于小枝顶端;花小,花冠白色或淡黄色,有时旗瓣稍带红紫色,旗瓣倒卵状长圆形,翼瓣,单侧生,倒卵状长圆形,龙骨瓣比翼瓣稍短,镰状倒卵形。荚果非典型串珠状;种子卵球形,深褐色。花期 3~8 月,果期 6~10 月。

分布(生境):在中国分布于甘肃、广西、贵州、河北、河南、湖北、湖南、江苏、陕西、山东、四川、西藏、云南(除西双版纳外)、浙江。朝鲜、日本也有分布。生于海拔 500~3400 米的河谷沙丘和山坡路边的灌木丛中。

食用部位(营养成分)及方法:鲜花瓣,焯水漂洗后炒食或炒肉食用。白刺花不同生育期干物质(DM)、粗蛋白(CP)、粗脂肪(EE)、粗灰分(Ash)、粗纤维(CF)、无氮浸出物(NFE)、钙(Ca)、磷(P)的含量分别为 66.23%~77.26%、22.27%~24.87%、2.88%~3.95%、4.84%~6.67%、20.39%~25.45%、9.78%~20.73%、0.890%~1.197%、0.179%~0.197%(陈秋生,2017)。

采食时间:3~8 月。

白花洋紫荆

Bauhinia variegata var. *candida* (Aiton) Voigt

苏木科 Caesalpiniaceae

别(俗)名:白花、老白花、玉荷花、白花羊蹄甲、白花宫粉羊蹄甲、粉花羊蹄甲等

形态特征:落叶乔木。叶近革质,广卵形至近圆形,基部浅至深心形。总状花序侧生或顶生,多少呈伞房花序式,少花,花大,花蕾纺锤形;萼佛焰苞状,花瓣倒卵形或倒披针形,紫红色或淡红色,杂以黄绿色及暗紫色的斑纹,近轴一片较阔。荚果带状,扁平,具长柄及喙;种子10~15颗,近圆形,扁平。花期全年,3月最盛。

分布(生境):在中国分布于福建、广东、广西、台湾、云南(南部、东南部、西南部)。印度、孟加拉国、不丹、中南半岛至印度尼西亚也有分布。在热带、亚热带地区广泛栽培。

食用部位(营养成分)及方法:鲜花和花芽,水中浸泡1~2天,沥净水,炒食,或鲜花蘸番茄菜酱生食;嫩梢,炒食或做杂菜汤,或煮熟后蘸佐料食用;嫩的果实,煮食。花中含有粗蛋白、膳食纤维、脂肪、多糖等一般营养成分,还有钙、钾、镁、磷、钠、铁、锰等矿物质元素以及天冬氨酸、谷氨酸等氨基酸(王亚凤等,2022)。

采食时间:花、嫩梢,春季采食;嫩果,夏季采食。

白玉兰

别(俗)名:玉兰

形态特征:落叶乔木。叶纸质,倒卵形、宽倒卵形或倒卵状椭圆形,基部徒长枝叶椭圆形。花蕾卵圆形,先花后叶,直立,芳香,花被片 9 片,白色,基部常带粉红色,近相似,长圆状倒卵形。聚合果圆柱形;蓇葖厚木质,褐色,具白色皮孔;种子心形,侧扁,外种皮红色,内种皮黑色。花期 2~3 月(亦常于 7~9 月再开一次花),果期 8~9 月。

分布(生境):在中国产于江西(庐山)、浙江(天目山)、湖南(衡山)、贵州、云南(景东、丽江、澜沧、大理、思茅、维西)。生于海拔 500~1000 米的林中。

食用部位(营养成分)及方法:花,煎、炸、配菜或熏茶。花中含有苯丙素类、萜类、有机酸化合物和生物碱类化合物,具有抗癌与抗肿瘤、抗流感与抗菌作用,花蕾在抗氧化及抗炎和糖尿病治疗中也具有潜在药用价值(贾亚萍等,2022)。

采食时间:2~3 月。

槟榔

Areca catechu L.

棕榈科 Arecaceae（Palmae）

别(俗)名:槟榔子、大腹子、宾门、橄榄子、青仔

形态特征:乔木状。茎直立,有明显的环状叶痕。叶簇生于茎顶,羽片狭长披针形。雌雄同株,花序轴粗壮压扁,着生 1 列或 2 列的雄花,雌花单生于分枝基部;雄花小,单生,花瓣长圆形;雌花较大,花瓣近圆形。果实长圆形或卵球形,橙黄色;种子卵形,基部截平,胚乳嚼烂状,胚基生。花果期 3~4 月。

分布(生境):在中国产自云南、海南及台湾等热带地区。亚洲热带地区广泛栽培。

食用部位(营养成分)及方法:花,拉祜族食用,炒食、包烧。槟榔中生物碱、黄酮、单宁、三萜和甾体类、多糖、脂肪酸、氨基酸等化学成分,具有降血糖、抗氧化、抗炎等作用(尹明松等,2021)。

采食时间:春季。

赪桐

别(俗)名:臭牡丹、红花野牡丹、毛丹花

形态特征:灌木。叶片圆心形。二歧聚伞花序组成顶生,大而开展的圆锥花序,花序的最后侧枝呈总状花序,苞片宽卵形、卵状披针形、倒卵状披针形、线状披针形,花萼红色,散生盾形腺体,花冠红色,稀白色。果实椭圆状球形,绿色或蓝黑色,径 7~10 毫米,常分裂成 2~4 个分核,宿萼增大,初包被果实,后向外反折呈星状。花果期 5~11 月。

分布(生境):在中国分布于福建、广东、广西、贵州、湖南、江苏、江西、四川、台湾、西藏、云南(盈江、潞西、镇康、双江、西双版纳、蒙自、金平、河口、文山、麻栗坡、西畴、富宁)、浙江。孟加拉国、不丹、印度、印度尼西亚、老挝、马来西亚、越南亦有分布。生于海拔 100~1200 (~1600)米的疏、密林中,也见于村边路旁,通常生长在较为阴湿的地方。

食用部位及方法:鲜花瓣,做汤,但须久煮至软。

采食时间:5~11 月。

臭牡丹

Clerodendrum bungei Steud.

马鞭草科 Verbenaceae

形态特征：灌木，植株有臭味。叶片宽卵形或卵形。伞房状聚伞花序顶生，花冠淡红色、红色或紫红色。核果近球形，成熟时蓝黑色。花果期 5~11 月。

分布（生境）：在中国产自华北、西北、西南以及江苏、安徽、浙江、江西、湖南、湖北、广西，在云南分布于维西、中甸、丽江、腾冲、漾濞、大理、禄丰、昆明、屏边、麻栗坡、文山、砚山、盐津等地。生于海拔 2500 米以下的山坡、林缘、沟谷、路旁、灌丛润湿处。印度北部、越南、马来西亚也有分布。

食用部位（营养成分）及方法：花及嫩叶可煮、炖食用。臭牡丹中含有苯乙醇苷类、萜类、甾醇类等多类化学成分，具有抗肿瘤、镇痛、抑菌及抗炎等诸多药理作用（赵河等，2022）。

采食时间：花，5~11 月；嫩叶，春季。

川梨

别(俗)名:棠梨刺

形态特征:乔木。常具枝刺。叶片卵形至长卵形,稀椭圆形,先端渐尖或急尖,基部圆形,稀宽楔形,边缘有钝锯齿,在幼苗或萌蘖上的叶片常具分裂并有尖锐锯齿。伞形总状花序,具花 7~13 朵,花瓣倒卵形,白色。果实近球形、褐色,有斑点。花期 3~4 月,果期 8~9 月。

分布(生境):在中国分布于云南(除滇东北外,其余各地均有)、四川、贵州。印度、缅甸、不丹、尼泊尔、老挝、越南、泰国也有分布。生山谷斜坡、丛林中,海拔 650~3000 米。

食用部位及方法鲜花,焯水浸泡后沥净水,炒食或炒肉。

采食时间:春季 3~4 月。

刺槐

Robinia pseudoacacia Linnaeus

蝶形花科 Papilionaceae

别(俗)名:槐花树、洋槐

形态特征:落叶乔木。羽状复叶小叶2~12对,常对生,椭圆形、长椭圆形或卵形,基部圆至阔楔形,全缘。总状花序腋生,花冠白色,各瓣均具瓣柄,旗瓣近圆形,内有黄斑,翼瓣斜倒卵形,与旗瓣几等长,基部一侧具圆耳,龙骨瓣镰状,三角形,与翼瓣等长或稍短,前缘合生,先端钝尖。荚果褐色,扁平;种子褐色至黑褐色,微具光泽,近肾形,种脐圆形,偏于一端。花期4~6月,果期8~9月。

分布(生境):原产美国东部,中国除西藏和海南外各地广泛栽培。

食用部位(营养成分)及方法:鲜花瓣,焯水漂洗后炒食或炒肉食用。干刺槐花的蛋白质含量19.73克/100克,氨基酸总量为19.50克/100克,含有17种氨基酸,天冬氨酸含量高达4.47克/100克,含有丰富的铁、锶、硒、钙、镁和少量的铜、锰、锌、铬等重要生理元素。槐米蛋白质含量为19.03%,含有19种氨基酸,氨基酸总量为14.21克/100克(王林等,2006)。

采食时间:4~6月。

大白花杜鹃

别(俗)名:大白杜鹃

形态特征:常绿灌木或小乔木。叶长圆形、长圆状卵形至长圆状倒卵形。顶生总状伞房花序,有花 8~10 朵,有香味;花冠宽漏斗状钟形,变化大,淡红色或白色。花期 4~6 月,果期 9~10 月。

分布(生境):在中国产于四川西部至西南部、贵州西部、云南西北部和西藏东南部。生于海拔 1000~3300(~4000) 米的灌丛中或森林下。缅甸东北部也有分布。

食用部位及方法:鲜花焯水,浸泡 1~2 天,沥净水,炒食。大白花杜鹃富含总黄酮、多糖(具有很轻的抗氧化活性)、萜类化合物和木质素苯丙素等(张烨等,2013;吴霞等,2017;陈新涛等,2018;历明辉等,2019)。

采食时间:4~6 月。

大果油麻藤

Mucuna macrocarpa Wall.

蝶形花科 Papilionaceae

别(俗)名:老瓦花、老鸦花

形态特征:大型木质藤本。羽状复叶具3小叶,小叶椭圆形、卵状椭圆形、卵形或稍倒卵形。花序通常生在老茎上,花多聚生于顶部,每节有2~3花,常有恶臭;花冠暗紫色,但旗瓣带绿白色。果木质,近念珠状,具6~12颗种子,内部隔膜木质,种子黑色,盘状,但稍不对称。花期4~5月,果期6~7月。

分布(生境):在中国产云南(福贡、屏边、广南、景东、景洪、勐海、凤庆等)、贵州、广东、海南、广西、台湾。生于海拔800~2500米的山地或河边常绿或落叶林中,或开阔灌丛和干沙地上。印度、尼泊尔、缅甸、泰国、越南和日本也有分布。

食用部位及方法:花,炒食。

采食时间:4~5月。

大花田菁

形态特征：小乔木。羽状复叶；小叶 10~30 对，总状花序长 4~7 厘米，具 2~4 花。花冠白色、粉红色至玫瑰红色，旗瓣长圆状倒卵形至阔卵形，无胼胝体，开花时反折，翼瓣镰状长卵形，不对称。荚果线形，稍弯曲，下垂，先端渐狭成喙，种子红褐色，稍有光泽，椭圆形至近肾形，肿胀，稍扁，种脐圆形，微凹。花果期 9 月至翌年 4 月。

分布（生境）：可能原生于印度尼西亚和马来西亚。中国的福建、广东、广西、海南、台湾、云南（西双版纳）有栽培和逸生。

食用部位及方法：鲜花瓣，焯水后凉拌食用、做汤或烤食。

采食时间：9 月至翌年 4 月。

棣棠花 *Kerria japonica* (L.) DC.

蔷薇科 Rosaceae

别(俗)名:大水莓

形态特征:落叶灌木。嫩枝有棱角。叶互生,三角状卵形或卵圆形,顶端长渐尖,基部圆形、截形或微心形,边缘有尖锐重锯齿。单花,着生在当年生侧枝顶端,花梗无毛;花瓣黄色,宽椭圆形。瘦果倒卵形至半球形,褐色或黑褐色,表面无毛,有皱褶。花期4~6月,果期6~8月。

分布(生境):在中国产自甘肃、陕西、山东、河南、湖北、江苏、安徽、浙江、福建、江西、湖南、四川、贵州、云南(德钦、维西、香格里拉、丽江、贡山、云龙、大理、昆明、嵩明、彝良、镇雄等地)。生海拔200~3000米的山坡灌丛中。日本也有分布。

食用部位(营养成分)及方法:花,水焯后,漂洗凉拌、炒食、做汤或制成面糊油炸。棣棠花含有黄酮类、萜类、酚、醇、酯类化合物和挥发油成分,具止咳祛痰、抗风湿关节炎、抗肿瘤的功效(刘娟等,2020)。

采食时间:4~6月。

滇南杜鹃

别(俗)名:蒙自杜鹃

形态特征:常绿灌木或乔木。叶革质,集生枝顶,倒卵形或长圆状倒披针形。花芽长卵圆形,鳞片卵形至阔倒卵形或长圆状披针形;花单生枝顶叶腋;花萼裂片形状多变,裂片三角形、三角状卵形或线状披针形,花冠白色,阔漏斗形,裂片阔倒卵形或卵状椭圆形,基部具淡黄色斑点;雄蕊10,不等长,子房长圆柱形。蒴果圆柱状。花期4~6月,果期7~12月,稀翌年2月。

分布(生境):在中国产于云南中部及东南部、广西中部及西北部。常生于海拔1100~2000米左右的山坡灌丛或杂木林内。

食用部位及方法:花,炒食。

采食时间:4~6月。

滇石梓

Gmelina arborea Roxb.

马鞭草科 Verbenaceae

别(俗)名:云南石梓、老可嫂、老可少、咪苏、勒咩

形态特征:落叶乔木。幼枝、叶柄、叶背及花序均密被黄褐色茸毛;叶痕明显突起。叶片广卵形,近基部有2至数个黑色盘状腺点,基生脉三出。聚伞花序组成顶生的圆锥花序,花冠黄色,疏生腺点,二唇形,上唇全缘或2浅裂,下唇3裂。核果椭圆形或倒卵状椭圆形,成熟时黄色,干后黑色,常仅有1颗种子。花期4~5月,果期5~7月。

分布(生境):在中国产于云南南部(思茅、西双版纳)。生于海拔1500米以下的路边、村舍及疏林中。印度、孟加拉国、斯里兰卡、缅甸、泰国、老挝及马来西亚也有分布。

食用部位及方法:花,可炒、蒸食。

采食时间:4~5月。

Syzygium aromaticum (L.) Merr.et Perry

桃金娘科 Myrtaceae

丁香花 / 丁香蒲桃

别(俗)名:公丁香(花蕾)、母丁香(果实)、丁香、支解香、雄丁香、丁子香

形态特征:常绿乔木。叶对生;叶片长方卵形或长方倒卵形,全缘。花芳香,组成顶生聚伞圆锥花序;花萼肥厚,绿色后变紫色,长管状,先端 4 裂,裂片三角形;花冠白色,稍带淡紫,短管伏状,4 裂;雄蕊多数,花药纵裂;子房下位,与萼管合生,花柱粗厚,柱头不明显。浆果红棕色,长方椭圆形,长 1~1.5cm,直径 5~8mm,先端宿存萼片,种子长方形。

分布(生境):在中国广东、海南、广西、云南等地有栽培。原产马来群岛及非洲。

食用部位及方法:花蕾,作配料。

采食时间:9 月至翌年 3 月。

钝叶鸡蛋花

Plumeria obtusa L.

夹竹桃科 Apocynaceae

别(俗)名：鸡蛋花

形态特征：落叶乔木。树皮土青色，各大小枝条粗厚而带肉质。叶轮状互生，长倒卵形。三歧聚伞花序顶生，花萼 5，花冠 5，乳白色，冠管基部黄色，花冠裂片倒卵形，比花冠筒长约一倍，花瓣边缘被短柔毛；雄蕊短，生于花冠筒基部。果为一双生蓇葖，种子多数，顶端具膜质的翅。花期 3~9（ ~ 10）月，但以 4~7 月开花最多。

分布(生境)：原产于南美洲热带地区和西印度群岛等。在中国云南西双版纳热带植物园、广东华南国家植物园、景洪、勐腊和珠海有引种栽培。

食用部位及方法：花，煎炸。

采食时间：3~9 月。

143 *Pseuderanthemum polyanthum* (C. B. Clarke ex Oliver) Merrill

爵床科 Acanthaceae

别(俗)名:多花可爱花

形态特征:亚灌木,叶对生,宽卵形、矩圆形。花序穗状,由小聚伞花序组成;花冠蓝紫色;冠檐二唇形,上唇裂片狭,下唇 3 裂,裂片较宽,矩圆形;雄蕊 2,花丝分离,短,着生于花冠喉部,药室平行,等高,钝。

分布(生境):在中国分布于广西(龙州)、云南(河口、富宁、文山、西双版纳)。印度、马来西亚、缅甸、泰国和越南均有分布。生于海拔 300~1600 米林下和灌丛中。

食用部位及方法:鲜花,焯水后炒食。

采食时间:春季。

多花野牡丹

Melastoma malabathricum L.

野牡丹科 Melastomataceae

别(俗)名:野牡丹、酒瓶果、催生药、野广石榴、乌提子、瓮登木、山甜娘、老鼠丁根、基尖叶野牡丹

形态特征:灌木。茎钝四棱形或近圆柱形,分枝多,密被紧贴的鳞片状糙伏毛。叶片坚纸质,披针形、卵状披针形或近椭圆形,5 基出脉,叶面密被糙伏毛。伞房花序近头状,有花 10 朵以上,基部具叶状总苞 2;花瓣粉红色至红色,稀紫红色,倒卵形;雄蕊长者药隔基部伸长,末端 2 深裂,弯曲,短者药隔不伸长,药室基部各具 1 小瘤;子房半下位,密被糙伏毛,顶端具 1 圈密刚毛。蒴果坛状球形,顶端平截,与宿存萼贴生;宿存萼密被鳞片状糙伏毛;种子镶于肉质胎座内。花期 2~5 月,果期 8~12 月,稀翌年 1 月。

分布(生境):在中国分布于福建、香港、澳门、海南、广西、湖南、四川、云南、贵州、广东至台湾以南等地。中南半岛至澳大利亚,菲律宾以南等地也有。生于海拔 300~1830 米的山坡、山谷林下或疏林下,湿润或干燥的地方,或刺竹林下灌草丛中,路边、沟边。

食用部位及方法:花,生食;茎髓,做蔬菜。

采食时间:春季。

Psidium guajava L.

桃金娘科 Myrtaceae

番石榴

别(俗)名:红番石榴、糯米石榴、鸡矢果、麻利干、胶子果

形态特征:乔木。树皮平滑,灰色,片状剥落;嫩枝有棱,被毛。叶片革质,长圆形至椭圆形,网脉明显。花单生或2~3朵排成聚伞花序;花瓣长1~1.4厘米,白色;雄蕊长6~9毫米;子房下位,与萼合生,花柱与雄蕊同长。浆果球形、卵圆形或梨形,顶端有宿存萼片,果肉白色及黄色,胎座肥大,肉质,淡红色;种子多数。花期3~5月,果期5~8月。

分布(生境):原产南美洲。中国华南各地栽培,常见有逸为野生种,北达四川西南部的安宁河谷,生于荒地或低丘陵上。

食用部位(营养成分)及方法:番石榴果实可食用,营养丰富,含有维生素A、C及磷、钙、镁等微量元素(张丽梅,2019);花,做菜肴配菜,有药用功效。

采食时间:花,3~5月;果,5~8月。

岗捻

Rhodomyrtus tomentosa (Ait.) Hassk.

桃金娘科 Myrtaceae

别(俗)名:桃金娘、山菍、多莲、当梨根、稔子树、豆稔、仲尼、乌肚子、桃舅娘、当泥、乌多年

形态特征:灌木。嫩枝有灰白色柔毛。叶对生,革质,叶片椭圆形或倒卵形,网脉明显。花有长梗,常单生,紫红色;萼管倒卵形,有灰茸毛,萼裂片5,近圆形;花瓣5,倒卵形;雄蕊红色。浆果卵状壶形,熟时紫黑色。花期4~5月。

分布(生境):在中国产自台湾、福建、广东、广西、云南、贵州及湖南最南部。生于丘陵坡地,为酸性土指示植物。中南半岛、菲律宾、日本、印度、斯里兰卡、马来西亚及印度尼西亚等地均有分布。

食用部位(营养成分)及方法:果实可食用,通常作为果酱的原材料,花与猪肺搭配做桃金娘肺片。桃金娘中含有间苯三酚类、三萜类、黄酮类、甾体类等化合物,具有理气止痛、益肾养血、利湿止泻,治疗慢性痢疾、风湿、肝炎及降血脂等功效(莫青胡,2020)。

采食时间:花,4~5月;果,7~9月。

Broussonetia papyrifera (Linnaeus) L'Heritier ex Ventenat

桑科 Moraceae

构树

别(俗)名:构桃树、楮树、楮实子、沙纸树、谷木、构乳

形态特征:乔木。叶螺旋状排列,广卵形至长椭圆状卵形。花雌雄异株;雄花序为柔荑花序,花被 4 裂,裂片三角状卵形,雄蕊 4,花药近球形;雌花序球形头状。聚花果成熟时橙红色,肉质;瘦果表面有小瘤,龙骨双层,外果皮壳质。花期 4~5 月,果期 6~7 月。

分布(生境):中国南北各地均有分布。印度、缅甸、泰国、越南、马来西亚、日本、朝鲜也有野生或栽培。

食用部位(营养成分)及方法:雄花序可炒食,成熟果实可直接食用。构树全株含有生物碱、黄酮类、木脂素类、萜类挥发油类等多种化学成分,具有抗氧化、抗菌、增强免疫力、抗病毒等功效;粗蛋白质含量平均值为 21.8%,粗脂肪与粗纤维分别为 5.9% 和 11.5%(王勇生等,2021)。

采食时间:花,4~5 月;果,6~7 月。

桂花

Osmanthus fragrans (Thunb.) Loureiro　148

木樨科 Oleaceae

别(俗)名:木樨

形态特征:常绿乔木或灌木。叶片革质,椭圆形、长椭圆形或椭圆状披针形。聚伞花序簇生于叶腋,或近于帚状,每腋内有花多朵;花冠黄白色、淡黄色、黄色或橘红色。果歪斜,椭圆形,长 1~1.5 厘米,呈紫黑色。花期 9~10 月上旬,果期翌年 3 月。

分布(生境):原产中国西南部,现各地广泛栽培。印度、巴基斯坦、尼泊尔、缅甸、老挝、日本也有分布。

食用部位(营养成分)及方法:花,制作桂花糕或花茶、香料。花瓣中含有可溶性糖、可溶性蛋白、黄酮、粗脂肪、维生素、花青素以及锌、钙、锰、铁等营养元素。不同品种含量差异较大(杨秀莲等,2012)。

采食时间:9~10 月。

合欢

别(俗)名:夜合树

形态特征:落叶乔木,树冠开展。小枝有棱角,嫩枝、花序和叶轴被茸毛或短柔毛。二回羽状复叶,总叶柄近基部及最顶一对羽片着生处各有 1 枚腺体;羽片 4~12 对;小叶 10~30 对,线形至长圆形。头状花序于枝顶排成圆锥花序;花粉红色;花萼、花冠外均被短柔毛。荚果带状,嫩荚有柔毛,老荚无毛。花期6~7月;果期 8~10 月。

分布(生境):在中国分布于东北至华南及西南部各地。野生于山坡或有栽培。非洲、中亚至东亚均有分布;北美亦有栽培。

食用部位(营养成分)及方法:花做粥;嫩叶可炒食。合欢花中的化学成分包括黄酮类、挥发油类、三萜皂苷类、甾体类及鞣质类等。经现代药理研究表明,合欢花具有抗焦虑、抗抑郁、镇静催眠、保肝、抗氧化和抗肥胖等多种功效,具有较大的潜在药用价值(李冉等,2022)。

采食时间:嫩叶,春季;花,6~7 月。

荷包山桂花

Polygala arillata Buch.-Ham. ex D. Don

远志科 Polygalaceae

别(俗)名：黄花远志、白糯消、小鸡花、鸡肚子根、阳雀花、金雀花

形态特征：灌木或小乔木。单叶互生，叶椭圆形、长圆状椭圆形至长圆状披针形。总状花序与叶对生，花瓣 3，肥厚，黄色，侧生花瓣较龙骨瓣短，龙骨瓣盔状，具条裂的鸡冠状附属物。蒴果阔肾形至略心形，浆果状，成熟时紫红色。种子球形，棕红色。花期 5~10 月，果期 6~11 月。

分布(生境)：在中国产自云南、陕西(南部)、安徽、江西、福建、湖北、广西、四川、贵州和西藏(东南部)。生于山坡林下或林缘，海拔(700~)1000~2800(~3000)米。尼泊尔、印度、缅甸、越南北方也有分布。

食用部位及方法：花，炒食。

采食时间：5~10 月。

Bauhinia × *blakeana* Dunn

苏木科 Caesalpiniaceae

红花羊蹄甲

别(俗)名:紫荆花

形态特征:常绿乔木。叶革质,圆形或阔心形,状如羊蹄。总状花序或有时分枝而呈圆锥花序状;红色或红紫色;花大如掌,花瓣 5,红色或粉红色,其中 4 瓣分列两侧,两两相对,而另一瓣则翘首于上方,形如兰花状;花香,有近似兰花的清香。花期 11 月至翌年 4 月。

分布(生境):在中国华南地区广泛栽培。世界各地广泛栽植。

食用部位(营养成分)及方法:花,可炒食,煮汤。花瓣中花色苷含量为 10.401 毫克 / 克,花色苷对人具有许多保健功能,已被应用于食品、保健品、化妆品、医疗等行业(张鹏等,2020)。

采食时间:11 月至翌年 4 月。

槐

Styphnolobium japonicum (L.) Schott

蝶形花科 Papilionaceae

别(俗)名:国槐、槐树

形态特征:乔木。羽状复叶,小叶 4~7 对,对生或近互生,卵状披针形或卵状长圆形。圆锥花序顶生,常呈金字塔形;花冠白色或淡黄色,旗瓣近圆形,翼瓣卵状长圆形,龙骨瓣阔卵状长圆形,与翼瓣等长。荚果串珠状,种子 1~6 粒;种子卵球形,淡黄绿色,干后黑褐色。花期 7~8 月,果期 8~10 月。

分布(生境):原产中国,现南北各地广泛栽培,华北和黄土高原地区尤为多见。日本、越南也有分布,朝鲜见有野生,欧洲、美洲各国均有引种。

食用部位及方法:花、叶,做汤、拌菜、槐花糕、饺子。

采食时间:7~8 月。

Cassia sophera Linn.

苏木科 Caesalpiniaceae

槐叶决明

别(俗)名:茳芒决明

形态特征:灌木。根黑色。叶柄近基部有腺体;小叶片椭圆状披针形。花数朵组成伞房状总状花序,腋生和顶生,苞片线状披针形或长卵形,早脱;萼片不等大,外生的近圆形,内生的卵形,花瓣黄色。荚果较短,初时扁而稍厚,成熟时近圆筒形而多少膨胀。花期 7~9 月,果期 10~12 月。

分布(生境):原产亚洲热带地区,广布于世界热带、亚热带地区。中国的中部、东南部、南部及西南部各地均有分布,北部部分省区有栽培。多生长于山坡和路旁。

食用部位及方法:花及嫩荚,炒食或做汤。

采食时间:7~9 月。

黄槐决明

Cassia surattensis Burm.

苏木科 Caesalpiniaceae

别(俗)名:凤凰花

形态特征:灌木或小乔木。嫩枝、叶轴、叶柄被微柔毛。叶轴上面最下 2 或 3 对小叶之间和叶柄上部有棍棒状腺体 2~3 枚;小叶 7~9 对,长椭圆形或卵形。总状花序,花瓣鲜黄至深黄色,卵形至倒卵形。荚果扁平;种子 10~12 颗。花果期几乎全年。

分布(生境):在中国栽培于广西、广东、福建、台湾等地。原产印度、斯里兰卡、印度尼西亚、菲律宾和澳大利亚、波利尼西亚地,目前世界各地均有栽培。

食用部位及方法:花序,可炒食。

采食时间:几乎全年。

灰楸

Catalpa fargesii Bur.

紫葳科 Bignoniaceae

别(俗)名:滇楸、楸木、紫花楸

形态特征:乔木。叶卵形或三角状心形。顶生伞房状总状花序,有花 7~15 朵。花冠淡红色至淡紫色,内面具紫色斑点,钟状。蒴果细圆柱形,果爿革质,2 裂;种子椭圆状线形。花期 3~5 月,果期 6~11 月。

分布(生境):在中国产自陕西、甘肃、河北、山东、河南、湖北、湖南、广东、广西、四川、贵州、云南。生于村庄边、山谷中,海拔 700~1300(1450~2500)米。

食用部位及方法:嫩叶、花,做蔬菜食用。

采食时间:春、夏季。

火龙果

Hylocereus undatus (Haw.) Britt. et Rose

仙人掌科 Cactaceae

别(俗)名: 量天尺、霸王花、三棱箭、三角柱、霸王鞭

形态特征: 攀缘肉质灌木。具气根。分枝多数,延伸,深绿色至淡蓝绿色,无毛,老枝淡褐色,骨质。花漏斗状,于夜间开放;花托及花托筒密被淡绿色或黄绿色鳞片;萼状花被片黄绿色,通常反曲;瓣状花被片白色,开展;花丝黄白色;花药淡黄色;花柱黄白色。浆果红色,长球形,果脐小,果肉白色。种子倒卵形,黑色,种脐小。

分布(生境): 分布于中美洲至南美洲北部,世界各地广泛栽培,在夏威夷、澳大利亚东部逸为野生。中国各地常见栽培,在福建(南部)、广东(南部)、海南、台湾以及广西(西南部)逸为野生,借气根攀缘于树干、岩石或墙上,海拔 3~300 米。

食用部位(营养成分)及方法: 花,做蔬菜,炒食。浆果可食。每 100 克火龙果鲜果含有脂肪 0.21~0.61 克、纤维 0.7 ~ 0.91 毫克、胡萝卜素 0.005 ~ 0.012 毫克、钙 6.3 ~ 8.8 毫克、磷 20.2 ~ 26.1 毫克、铁 0.55 ~ 0.65 毫克、维生素 B_{11}0.028 ~ 0.430 毫克(张福平,2002)。每 100 克 火龙果鲜花中,蛋白质含量达 1.3 克,粗纤维含量是 0.7 克,粗脂肪含量小于 0.1 克,总糖含量为 0.92 克。钾元素含量高达 3 350 毫克 / 千克,镁、钙和磷含量分别为 137.34、134.23、23.68 毫克 / 千克,营养成分丰富(孔芳芳等,2025)。

采食时间: 花,7~12 月。

火烧花

别(俗)名:缅木、爆杖花、火花树

形态特征:常绿乔木。大型奇数二回羽状复叶,小叶卵形至卵状披针形。花 5~13 朵,组成短总状花序,着生于老茎或侧枝上,花冠橙黄色至金黄色,筒状。蒴果长线形,下垂。种子卵圆形,薄膜质,具白色透明的膜质翅。花期 2~5 月,果期 5~9 月。

分布(生境):在中国分布于广西、广东、台湾、云南(思茅、西双版纳、景东、屏边、富宁、元江、双柏),越南、老挝、缅甸均有分布。生长于海拔(200~)700~1520 米干热河谷,比较湿润的河谷低地。

食用部位及方法:鲜花,焯水后炒食。

采食时间:春季。

鸡蛋花

Plumeria rubra Linnaeus

夹竹桃科 Apocynaceae

别(俗)名:缅栀子

形态特征:小乔木,具丰富乳汁。叶长圆状倒披针形。聚伞花序顶生,总花梗三歧,肉质;花萼裂片小,阔卵形,顶端圆;花冠深红色,花冠筒圆筒形,花冠裂片狭倒卵圆形或椭圆形。蓇葖双生,广歧,长圆形;种子长圆形,扁平,顶端具长圆形膜质的翅,翅的边缘具不规则的凹缺。花期 3~9 月,果期栽培极少结果,一般为 7~12 月。

分布(生境):中国云南(各地公园、庭园或游览区等)、广东、广西、福建、台湾等地均有栽培。原产南美洲,广植于亚洲热带及亚热带地区。

食用部位及方法:鲜花瓣,裹上蛋液油炸。

采食时间:3~9 月。

Osbeckia stellate Ham. ex D. Don: C. B. Clarke

野牡丹科 Melastomataceae

假朝天罐

别(俗)名:罐罐花、星毛金锦香

形态特征:直立灌木。茎通常六棱形或四棱形。叶对生或 3 枚轮生,叶片坚纸质,长圆状披针形至披针形。松聚伞花序组成圆锥花序,顶生;花瓣红色或紫红色,广卵形,顶端钝。蒴果长卵形,4 纵裂;宿存萼坛形,顶端平截,中部略上缢缩。花期 8~11 月,果期 11 月至翌年 1 月。

分布(生境):分布于中国云南西南部。生于海拔约 1350 米的山坡疏林缘。

食用部位及方法:花,炒食。

采食时间:8~11 月。

羯布罗香

Dipterocarpus turbinatus Gaertn. F.

龙脑香科 Dipterocarpaceae

形态特征：大乔木，含芳香树脂。枝条密被灰色茸毛，有环状托叶痕。叶卵状长圆形。总状花序腋生，有花 3~6 朵，花瓣粉红色，线状长圆形。坚果卵形或长卵形，密被贴生茸毛。花期 3~4 月，果期 6~7 月。

分布（生境）：在中国产自云南西部及南部（西双版纳栽培），西藏东南部。印度、巴基斯坦、缅甸、泰国、柬埔寨等国有分布。

食用部位及方法：花炒食。

采食时间：3~4 月。

Caragana sinica (Buc'hoz) Rehder

蝶形花科 Papilionaceae

锦鸡儿

别(俗)名:金雀花、娘娘袜、黄雀花、土黄豆、粘粘袜、酱瓣

形态特征:灌木。托叶硬化成针刺;叶轴脱落或硬化成针刺;小叶 2 对,羽状,有时假掌状,上部 1 对常较下部的为大,倒卵形或长圆状倒卵形,先端圆形或微缺,具刺尖或无刺尖。花单生,花冠黄色,常带红色,旗瓣狭倒卵形,具短瓣柄,翼瓣稍长于旗瓣,瓣柄与瓣片近等长,耳短小,龙骨瓣宽钝;子房无毛。荚果圆筒状。花期 4~5 月,果期 7 月。

分布(生境):在中国分布于安徽、福建、甘肃、广西、贵州、河北、河南、湖北、湖南、江苏、江西、辽宁、陕西、山东、四川、云南(大理、昆明)、浙江。朝鲜、日本有分布。生于海拔 400~1800 米的山坡灌丛或栽培。

食用部位及方法:鲜花瓣,炒食、做汤或炒蛋食用。

采食时间:春季。

苦绳

Dregea sinensis Hemsl.

萝藦科 Asclepiadaceae

别(俗)名:奶浆藤、小木通、白浆藤、白浆草、通关散、中华假夜来香、中华南山藤、野泡通

形态特征:攀缘木质藤本。叶纸质,卵状心形或近圆形。伞状聚伞花序腋生,着花多达 20 朵;花冠内面紫红色,外面白色,辐状,裂片卵圆形。蓇葖狭披针形;种子扁平,卵状长圆形。花期 4~8 月,果期 7~10 月。

分布(生境):在中国产于云南(昆明、嵩明、华宁、澄江)、湖北、广西、贵州、四川、甘肃、陕西,湖南也有少量分布。生于海拔 500~3000 米山地疏林中或灌木丛中。

食用部位及方法:花序,可焯水炒食或炒肉。

采食时间:4~8 月。

Cassia fistula Linnaeus

苏木科 Caesalpiniaceae

腊肠树

别(俗)名:阿勃勒、牛角树、波斯皂荚

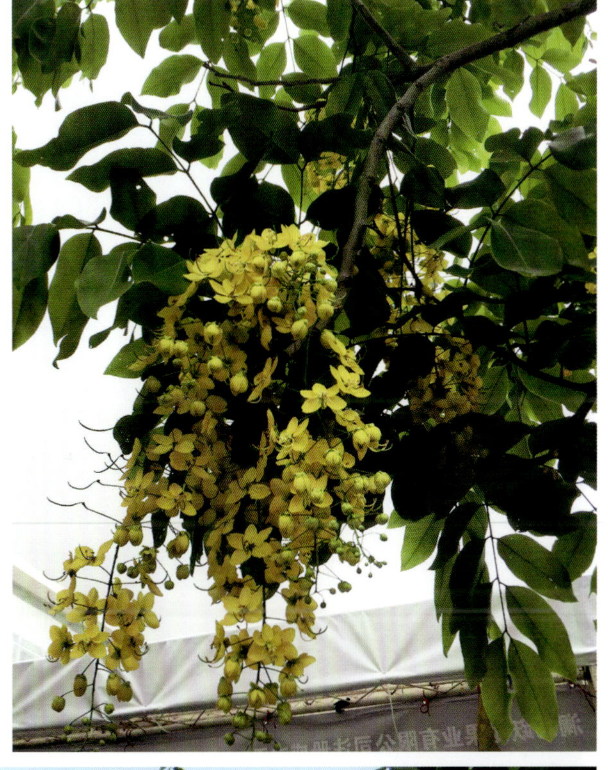

形态特征:落叶乔木。叶对生,薄革质,阔卵形、卵形或长圆形。总状花序花瓣黄色,倒卵形,近等大,具明显的脉;雄蕊 10 枚。荚果圆柱形,黑褐色,不开裂,有 3 条槽纹;种子 40~100 颗,为横隔膜所分开。花期 6~8 月,果期 10 月。

分布(生境):原产印度,生于海拔 480~1600 米路旁及疏林中,广泛栽培于热带地区。在中国栽培于广东、海南、台湾、云南(思茅、西双版纳、耿马、双江、德宏)。

食用部位(营养成分)及方法:鲜花和嫩叶,焯水后,炒食或做汤。果实即长长的"腊肠",生食或熟食。果实含有天门冬氨酸(ASP)等 15 种氨基酸,总量为 2.07%。腊肠树果实中主要含有 13 种无机元素,其中钾 600 微克/克、钙 465 微克/克、镁 400 微克/克,均为人体必需的营养元素(张慧萍等,2007)。

采食时间:花和嫩叶,6~8 月;果实,9~10 月。

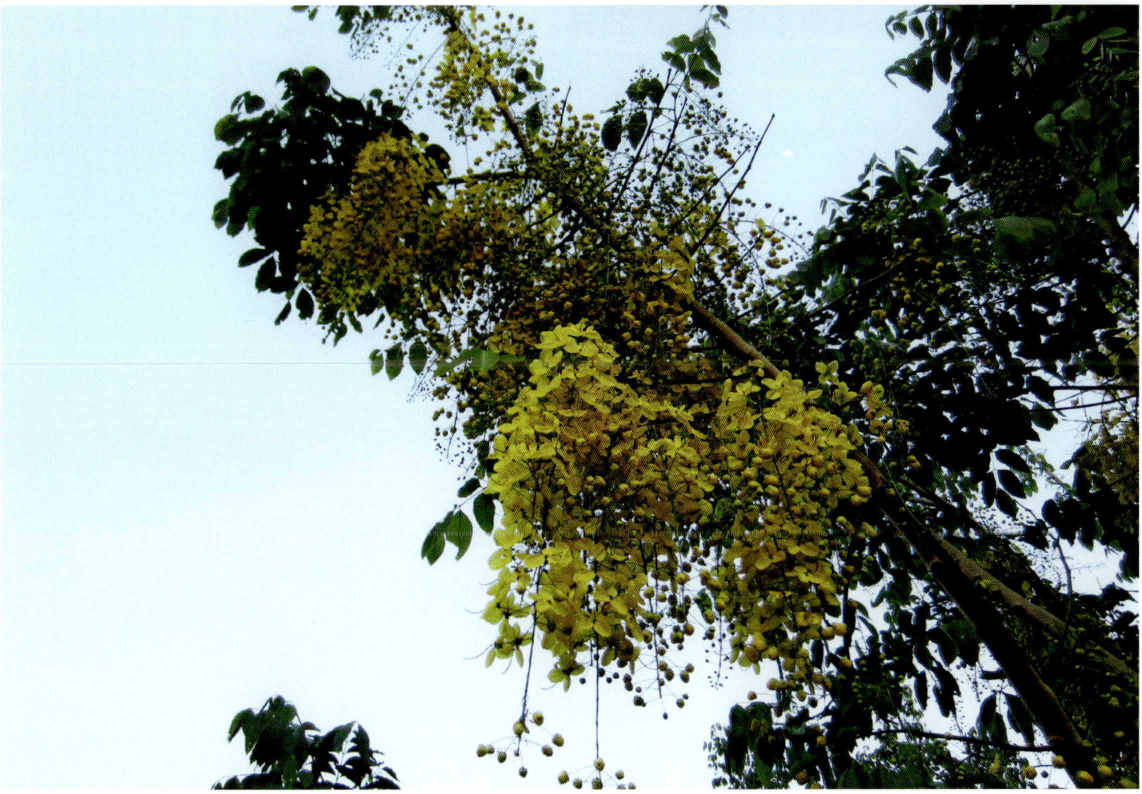

蜡梅

Chimonanthus praecox (L.) Link

蜡梅科 Calycanthaceae

别(俗)名：金梅、腊梅、蜡花、蜡梅花、蜡木、麻木紫、石凉茶、唐梅、香梅

形态特征：落叶灌木。叶纸质至近革质，卵圆形、椭圆形、宽椭圆形至卵状椭圆形。花着生于第二年生枝条叶腋内，先花后叶，芳香；花被片圆形、长圆形、倒卵形、椭圆形或匙形。果托近木质化，坛状或倒卵状椭圆形。花期 11 月至翌年 3 月，果期 4~11 月。

分布(生境)：在中国野生于山东、江苏、安徽、浙江、福建、江西、湖南、湖北、河南、陕西、四川、贵州、云南(丽江、大理、昆明)等地，广西、广东等地均有栽培。生于山地林中。日本、朝鲜和欧洲、美洲均有引种栽培。

食用部位(营养成分)及方法：花，炖菜、炒、煲粥。花可提取蜡梅浸膏 0.5% ~0.6%；化学成分有苄醇、乙酸苄酯、芳樟醇、金合欢花醇、松油醇、吲哚等。种子含蜡梅碱。

采食时间：11 月至翌年 3 月。

Campsis grandiflora (Thunb.) Schum.

紫葳科 Bignoniaceae

形态特征：攀缘藤本；以气生根攀附于他物之上。叶对生，为奇数羽状复叶；小叶 7~9 枚，卵形至卵状披针形。顶生疏散的短圆锥花序，花冠内面鲜红色，外面橙黄色，裂片半圆形。蒴果顶端钝。花期 5~8 月。

分布（生境）：在中国产于长江流域各地，以及河北、山东、河南、福建、广东、广西、陕西，在台湾有栽培。日本也有分布，越南、印度、巴基斯坦均有栽培。

食用部位及方法：花，做汤。

采食时间：5~8 月。

玫瑰

Rosa rugosa Thunb.

蔷薇科 Rosaceae

形态特征：直立灌木。茎有针刺和腺毛。小叶 5~9；小叶片椭圆形或椭圆状倒卵形。花单生于叶腋，或数朵簇生，花瓣倒卵形，重瓣至半重瓣，芳香，紫红色至白色。果扁球形，砖红色，肉质，平滑，萼片宿存。花期 5~6 月，果期 8~9 月。

分布（生境）：原产中国华北以及日本和朝鲜，中国各地均有栽培，园艺品种很多。

食用部位（营养成分）及方法：花，做花茶、面糊炸、做鲜花饼。八街食用玫瑰的脂肪、粗纤维、碳水化合物含量分别为0.5、2.5和12.4 克/100克，其矿物质磷、钾含量丰富，分别为 46.3、243 毫克 /100 克，微量元素铁、铜、锰含量分别为 1.02 毫克 /100 克、0.10 毫克 /100 克、0.81 毫克 /100 克（宁忻等，2019）。

采食时间：5~6 月。

Hibiscus sabdariffa L.

锦葵科 Malvaceae

玫瑰茄

形态特征：茎淡紫色，无毛。叶异形，下部的叶卵形，不分裂，上部的叶掌状 3 深裂，裂片披针形，具锯齿，先端钝或渐尖，基部圆形至宽楔形，两面均无毛，主脉 3~5 条，背面中肋具腺。花单，黄色，内面基部深红色，直径 6~7 厘米。蒴果卵球形，直径约 1.5 厘米，密被粗毛，果爿 5；种子肾形，无毛。花期夏秋间。

分布（生境）：中国台湾、福建、广东和云南南部热地有引入栽培。原产东半球热带地区，现全世界热带地区均有栽培。

食用部位（营养成分）及方法：花萼和小苞片肉质，味酸，常用以制果酱或腌制食用。玫瑰茄含有钠0.051毫克/克，钾0.112毫克/克，钙10.536毫克/克，镁5.714毫克/克，锌30.306毫克/克，铁247.236毫克/克，锰194.098毫克/克，铜6.487毫克/克，还含有蛋白质、氨基酸、有机酸、天然色素等有效成分（李泽鸿等，2008）。鲜花萼中含有维生素C含量达0.93%，维生素B含量0.21%，蛋白质0.45%，糖分2.55%，淀粉1.76%(魏常锦，2013)。

采食时间：夏、秋季。

密蒙花

Buddleja officinalis Maxim.

马钱科 Loganiaceae

别(俗)名：染饭花、蒙花树、小锦花、黄饭花、疙瘩皮树花、鸡骨头花、黄花树

形态特征：灌木。小枝、叶下面、叶柄和花序均密被灰白色星状短茸毛。叶对生，狭椭圆形、长卵形、卵状披针形或长圆状披针形。花多而密集，组成顶生聚伞圆锥花序，花冠紫堇色，后变白色或淡黄白色，喉部橘黄色，花冠管圆筒形，花冠裂片卵形。蒴果椭圆状，2瓣裂；种子多颗，狭椭圆形。花期3~4月，果期5~8月。

分布(生境)：在中国产于山西、陕西、甘肃、江苏、安徽、福建、河南、湖北、湖南、广东、广西、四川、贵州、云南(广布)和西藏等地。生海拔200~2800米向阳山坡、河边、村旁的灌木丛中或林缘。适应性较强，石灰岩山地亦能生长。不丹、缅甸、越南等地也有分布。

食用部位及方法：花，用于染饭。

采食时间：3~4月。

Jasminum sambac (Linnaeus) Aiton

木樨科 Oleaceae

茉莉花

别(俗)名:茉莉、香魂、莫利花、没丽、没利、抹厉、末莉、末利、木梨花

形态特征:直立或攀缘灌木。叶对生,单叶,叶片纸质,圆形、椭圆形、卵状椭圆形或倒卵形。聚伞花序顶生,通常有花3朵,有时单花或多达5朵;花极芳香;花冠白色,裂片长圆形至近圆形。果球形,呈紫黑色。花期5~8月,果期7~9月。

分布:原产印度,中国南部和世界其他地方有栽培。

食用部位及方法:鲜花,炒食或做汤。

采食时间:春季。

木芙蓉

Hibiscus mutabilis Linnaeus

锦葵科 Malvaceae

别(俗)名:芙蓉花、酒醉芙蓉、山芙蓉

形态特征:落叶灌木或小乔木;密被星状毛与细绵毛。叶宽卵形至圆卵形或心形,裂片三角形。花单生于枝端叶腋间,花初开时白色或淡红色,后变深红色,花瓣近圆形,外面被毛,基部具髯毛。蒴果扁球形,被淡黄色刚毛和绵毛,果爿 5;种子肾形,背面被长柔毛。花期 8~10 月。

分布(生境):在中国分布于福建、广东、湖南、台湾、云南(昆明、玉溪、楚雄、大理、丽江、保山、临沧、思茅、文山等地州),全国各地广为栽培。日本和东南亚各国也有栽培,大多栽培于热带和温带地区。

食用部位(营养成分)及方法:鲜花,直接炒食。木芙蓉花矿质营养丰富,含常量元素钾、钙、镁、钠和 11 种有益矿质元素碘、锌、铁、硼、铝、铜、钴、钼、锰、硅、钒(曾心美等,2022)。

采食时间:8~10 月。

木槿

别(俗)名:木棉、荆条(江苏)、朝开暮落花(本草纲目)、喇叭花

形态特征:落叶灌木。小枝密被黄色星状茸毛。叶菱形至三角状卵形,具深浅不同的 3 裂或不裂。花单生于枝端叶腋间;花钟形,淡紫色,花瓣倒卵形,外面疏被纤毛和星状长柔毛。蒴果卵圆形,密被黄色星状茸毛;种子肾形,背部被黄白色长柔毛。花期 7~10 月。

分布(生境):在中国分布于安徽、广东、广西、江苏、四川、台湾、云南(昆明、红河、玉溪、东川、丽江、怒江等地)、浙江,全国各地广为栽培。大多栽培于热带和温带地区。

食用部位(营养成分)及方法:嫩梢,焯水后炒食;花瓣,炒食或煮粥。木槿花含有基本营养成分粗蛋白、粗纤维、维生素 C、黄酮类以及钙、铁、锌等矿质元素,16 种氨基酸,包括 7 种人体必需氨基酸,呈味氨基酸相对含量高达 27.1% ~ 41.84%,含有具有保健作用的功能性成分多糖、黄酮和原花青素(杨少宗等,2018)。

采食时间:嫩梢,春季;花,7~10 月。

木棉

Bombax ceiba Linnaeus

木棉科 Bombacaceae

别(俗)名:攀枝花、英雄花

形态特征:落叶大乔木。树皮灰白色,幼树的树干通常有圆锥状的粗刺;分枝平展。掌状复叶,小叶 5~7 片,长圆形至长圆状披针形。花单生枝顶叶腋,通常红色,有时橙红色,花瓣肉质,倒卵状长圆形。蒴果长圆形,钝,长 10~15 厘米,粗 4.5~5 厘米,密被灰白色长柔毛和星状柔毛;种子多数,倒卵形,光滑。花期 3~4 月,果夏季成熟。

分布(生境):在中国分布于福建、广东、广西、贵州、江西、四川、台湾、云南(大部分热区)。印度、斯里兰卡、中南半岛、马来半岛、印度尼西亚至菲律宾及澳大利亚北部均有分布。生长于海拔 1700 米以下的干热河谷及稀树草原或沟谷季雨林内,也有栽培作行道树的。

食用部位(营养成分)及方法:鲜花蕾和花,直接炒食或焯水后凉拌;雄蕊,鲜食或晒干后,冷水浸泡后炒食。木棉花维生素C含量 2359 毫克 / 千克、蛋白质含量 0.183 毫克 / 千克,还含有可溶性固形物、还原糖、总糖和超氧化物歧化酶等(刘晓辉,2010)。

采食时间:3~4 月。

木香花

别(俗)名:木香、七里香

形态特征:攀缘小灌木。小枝有短小皮刺;老枝上的皮刺较大,坚硬。小叶 3~5,稀 7;小叶片椭圆状卵形或长圆披针形。花小型,多朵呈伞形花序,花瓣重瓣至半重瓣,白色,倒卵形,先端圆,基部楔形。花期 4~5 月。

分布(生境):在中国产于四川、云南(维西、丽江、昆明、易门、双柏等)。生溪边、路旁或山坡灌丛中,海拔 500~1300 米,全国各地均有栽培。

食用部位(营养成分)及方法:花,焯水后炒食。木香花挥发油化学成分包含缩醛、脂肪烃、芳香烃、芳香醛、羧酸、醇、酚及萜类化合物。挥发油主要成分为辛烷 4.73%、苯乙醇 5.78%、冰片烯 26.34%、顺 ~ 马鞭草烷醇 2.68%、十二烷 41.01% 等(刘应煊等,2007)。

采食时间:4~5 月。

南山藤

Dregea volubilis (L. f.) Benth. ex Hook. f.

萝藦科 Asclepiadaceae

别(俗)名:苦藤花、苦凉菜、苦菜藤、帕空耷(云南傣语)

形态特征:木质大藤本。茎具皮孔。叶宽卵形或近圆形。花多朵,组成伞状聚伞花序,腋生,倒垂,花冠黄绿色,夜吐清香,裂片广卵形。蓇葖披针状圆柱形;种子广卵形,扁平。花期 4~9 月,果期 7~12 月。

分布(生境):在中国产于贵州、云南(集中普洱、西双版纳、德宏等地)、广西、广东及台湾等地。印度、孟加拉国、泰国、越南、印度尼西亚和菲律宾亦有分布。生长于海拔 500 米以下山地林中,常攀缘于大树上,间有栽培于农村中。

食用部位及方法:花、嫩叶,可直接炒食或焯水凉拌。

采食时间:春季。

Ligustrum lucidum Ait.

木樨科 Oleaceae

女贞

形态特征：灌木或乔木。叶片常绿，卵形、长卵形或椭圆形至宽椭圆形。圆锥花序顶生，花序轴及分枝轴无毛，紫色或黄棕色；苞片常与叶同型，小苞片披针形或线形，凋落；花无梗或近无梗；花冠裂片反折；花药长圆形，柱头棒状。果肾形或近肾形，深蓝黑色，成熟时红黑色，被白粉。花期 5~7 月，果期 7 月至翌年 5 月。

分布（生境）：中国产于长江以南至华南、西南各地，向西北分布至陕西、甘肃。生海拔 2900 米以下疏、密林中。朝鲜也有分布，印度、尼泊尔有栽培。

食用部位及方法：嫩花，做菜、炒食；果实，可炖肉，还可供酿酒或制酱油。

采食时间：5~7 月。

泡核桃 *Juglans sigillata* Dode

胡桃科 Juglandaceae

别(俗)名:漾濞核桃、铁核桃、茶核桃

形态特征:乔木,树皮浅纵裂。冬芽卵圆形,芽鳞有短柔毛。单数羽状复叶,小叶通常 9~11(稀 15) 枚,卵状披针形或椭圆状披针形。雄花序粗壮,雌花序具 1~3 雌花,花序轴密生腺毛。果倒卵圆形或近球形;果核倒卵形,表面具皱曲。花期 3~4 月,果期 9 月。

分布(生境):在中国产于云南(昭通、富民、楚雄、大理、漾濞、丽江、保山、临沧、景东、蒙自、勐腊)、贵州、四川西部、西藏雅鲁藏布江中下游。生于海拔 1300~3300 米山坡或山谷林中。

食用部位及方法:雄花序、花序轴,焯水浸泡后炒食。

采食时间:3~4 月。

Rhododendron spinuliferum Franch.

杜鹃花科 Ericaceae

别(俗)名:爆杖花杜鹃、密通花

形态特征:灌木。老枝褐红色,近无毛。叶散生。倒卵形、椭圆形、椭圆状披针形或披针形。花序腋生枝顶成假顶生;花芽鳞外面、边缘密被白色柔毛,外面密被鳞片,花开后芽鳞脱落;花序伞形,有 2~4 花;花萼浅杯状;花冠筒状,朱红色、鲜红色或橙红色,上部 5 裂;雄蕊 10,不等长,略伸出花冠之外,花药紫黑色,子房 5 室。蒴果长圆形。花期 2~6 月。

分布(生境):在中国产于四川西南、云南西部、中部至东北部。生于松林、松 - 栎林、油杉林或山谷灌木林,海拔 1900~2500 米。

食用部位及方法:花,炒食。

采食时间:2~6 月。

七姊妹

Rosa multiflora Thunberg

蔷薇科 Rosaceae

别(俗)名:多花蔷薇、野蔷薇

形态特征:攀缘灌木。小枝圆柱形,通常无毛,有短、粗稍弯曲皮刺。小叶 5~9,近花序的小叶有时 3;小叶片倒卵形、长圆形或卵形,先端急尖或圆钝,基部近圆形或楔形,边缘有尖锐单锯齿;小叶柄和叶轴有散生腺毛;托叶篦齿状,贴生于叶柄。花多朵,排成圆锥状花序,萼片披针形,花重瓣,花瓣粉红色,宽倒卵形,先端微凹,基部楔形;花柱结合成束,无毛,比雄蕊稍长。果近球形,直径 6~8 毫米,红褐色或紫褐色,有光泽,无毛,萼片脱落。

分布(生境):原产于中国华北、华中、华东、华南及西南地区,现主产黄河流域以南各地的平原和低山丘陵。

食用部位及方法:花,做汤或煎炸。

采食时间:5~6 月。

楸树

Catalpa bungei C. A. Mey

紫葳科 Bignoniaceae

别(俗)名:梓桐、水桐、金丝楸、旱楸蒜薹

形态特征:小乔木。叶三角状卵形或卵状长圆形。顶生伞房状总状花序,有花 2~12 朵。花冠淡红色,内面具有 2 黄色条纹及暗紫色斑点,长 3~3.5 厘米。蒴果线形。种子狭长椭圆形。花期 5~6 月,果期 6~10 月。

分布:在中国产于河北、河南、山东、山西、陕西、甘肃、江苏、浙江、湖南,在广西、贵州、云南有栽培。

食用部位及方法:花,可炒食。

采食时间:5~6 月。

三椏苦

Melicope pteleifolia (Champion ex Bentham) T. G. Hartley

芸香科 Rutaceae

别(俗)名:三叉苦

形态特征:乔木。3 小叶,小叶长椭圆形,两端尖,有时倒卵状椭圆形,油点多。花序腋生,花瓣淡黄或白色,常有透明油点,雄花的退化雌蕊细垫状凸起;雌花的不育雄蕊有花药而无花粉。分果瓣淡黄或茶褐色,散生肉眼可见的透明油点,每分果瓣有 1 种子;蓝黑色,有光泽。花期 4~6 月,果期 7~10 月。

分布(生境):在中国分布于台湾、福建、江西、广东、海南、广西、贵州及云南南部。越南、老挝、泰国等也有分布。生于平地至海拔 2000 米山地,常见于较荫蔽的山谷湿润地方,阳坡灌木丛中偶有生长。

食用部位及方法:花,可煮食。

采食时间:4~6 月。

Clerodendrum serratum (L.) Moon

马鞭草科 Verbenaceae

别(俗)名:三台花、三台大药、大山麻

形态特征:灌木。小枝四棱形或略呈四棱形,密被土黄色短柔毛,节上更密。叶片对生或三叶轮生,倒卵状长圆形或长椭圆形。聚伞花序组成直立、开展的圆锥花序,顶生,花冠淡紫色,蓝色或白色,近于二唇形。核果近球形,绿色,后转黑色,分裂为 1~4 个卵形分核。花果期 6~12 月。

分布(生境):在中国产自广西、贵州、云南、西藏。生于海拔 210~1800 米的山坡疏林和谷地沟边灌丛中。自东非及其沿海诸岛屿,向东至马来半岛以及南太平洋诸岛也有分布。

食用部位及方法:花序,拉祜族包烧食用。

采食时间:6~12 月。

Prunus davidiana (Carrière) Franch.

蔷薇科 Rosaceae

别(俗)名:苦桃、陶古日、哲日勒格、野桃、山毛桃、桃花

形态特征:乔木。叶卵状披针形,具细锐锯齿。花单生,先叶开放,花瓣倒卵形或近圆形,粉红色。核果近球形,熟时淡黄色,密被柔毛;果肉薄而干,不可食。花期 3~4 月,果期 7~8 月。

分布(生境):在中国分布于山东、河北、河南、山西、陕西、甘肃、四川、云南等地。生于山坡、山谷沟底或荒野疏林及灌丛内,海拔 800~3200m 地带。

食用部位及方法:花瓣,食用或配菜。

采食时间:3~4 月。

深绿山龙眼

别(俗)名:母猪果

形态特征:乔木。树皮灰色;芽密被锈色短毛,小枝和成长叶均无毛。叶纸质或近革质,倒卵状长圆形、椭圆形或长圆状披针形。总状花序腋生或生于小枝已落叶腋部,花梗常双生;苞片披针形被柔毛;腺体4枚,卵球形或近球形;子房无毛。果呈稍扁的球形,顶端具短尖,基部骤狭呈短柄状。花期5~8月,果期11月至翌年7月。

分布(生境):在中国产于云南西南部和南部。生于海拔1000~2000米山地和山谷常绿阔叶林中。印度、不丹、缅甸、泰国、老挝、越南亦有分布。

食用部位及方法:花,做蔬菜;种子食用。

采食时间:花,5~8月;种子,11月至翌年7月。

石榴

Punica granatum Linnaeus

安石榴科 Punicaceae

别(俗)名:安石榴、山力叶、丹若、若榴木

形态特征:落叶灌木或乔木。枝顶常成尖锐长刺。叶通常对生,纸质,矩圆状披针形。花大,1~5 朵生枝顶;花瓣通常大,红色、黄色或白色。浆果近球形,通常为淡黄褐色或淡黄绿色,有时白色,稀暗紫色。种子多数,钝角形,红色至乳白色,外种皮肉质。

分布(生境):可能原产中亚和欧洲,中国广泛栽培,华西已有归化。

食用部位(营养成分)及方法:萼片,水浸泡后炒食。石榴皮、石榴果肉隔膜、石榴果肉和石榴籽中含有丰富的水分、总酸、还原糖、总糖、维生素 C、灰分、总酚等(王萍等,2017)

采食时间:春、夏季。

Fagus longipetiolata Seem.

壳斗科 Fagaceae

形态特征：乔木。叶长稀较小，顶部短尖至短渐尖，基部宽楔形或近于圆形，有时一侧较短且偏斜，叶缘波浪状。壳斗 4 (3) 瓣裂，稍增厚的木质；小苞片线状，与壳壁相同均被灰棕色微柔毛，壳壁的毛较长且密，通常有坚果 2 个；坚果比壳斗裂瓣稍短或等长，脊棱顶部有狭而略伸延的薄翅。花期 4~5 月，果期 9~10 月。

分布（生境）：在中国产秦岭以南、五岭南坡以北各地。生于海拔 300~2400 米山地杂木林中，多见于向阳坡地，与常绿或落叶树混生，常为上层树种。

食用部位及方法：雄花序，焯水后漂洗 2 天后掺米饭食用，晾干打粉掺面粉食用。

采食时间：4~5 月。

思茅松

Pinus kesiya var. *langbianensis* (A.Chev) Gaussen

松科 Pinaceae

形态特征：乔木。树皮褐色，龟甲状薄块片脱落；针叶3针一束。雄球花矩圆筒形，在新枝基部聚生成短丛状。球果卵圆形，通常单生或2个聚生，宿存树上数年不脱落；种鳞近窄矩圆形，鳞盾斜方形，稍肥厚隆起，或显著隆起呈圆锥形，横脊显著，间或有纵脊，鳞脐小，椭圆形，稍凸起，顶端常有向后紧贴的短刺；种子椭圆形，黑褐色，稍扁。

分布（生境）：在中国产于云南南部麻栗坡、思茅、普洱，景东及西部潞西等地，在海拔700~1200米地带组成大面积单纯林。越南中部、北部及老挝也有分布。

食用部位及方法：花粉，制作松花糕。

采食时间：2~3月。

Tamarindus indica Linnaeus

苏木科 Caesalpiniaceae

酸豆

别(俗)名:罗望子、酸角、酸子、印度枣、泰国甜角、酸梅树、酸荚

形态特征:乔木。小叶长圆形。花黄色或杂以紫红色条纹,少数;总花梗和花梗被黄绿色短柔毛;花瓣倒卵形。荚果圆柱状长圆形,肿胀,棕褐色;种子 3~14 颗。花期 5~8 月,果期 12 月至翌年 5 月。

分布(生境):原产非洲,热带地区广泛栽培。中国的福建、广东、广西、海南、云南(永仁、峨山、禄劝、元谋、鹤庆、元江、开远、建水、金平、个旧蔓耗、绿春、元阳、河口、双江、镇康、潞西、西双版纳)有栽培。栽培于海拔 80~1530 米热区及干热河谷地区。

食用部位及方法:嫩梢、花和嫩果荚,炒食或做汤。

采食时间:嫩梢,春季采食;花和嫩果荚,5~11 月采食。

铁刀木

Senna siamea (Lamarck) H. S. Irwin &Barneby

苏木科 Caesalpiniaceae

别(俗)名:黑心树

形态特征:乔木。叶长圆形或长圆状椭圆形。总状花序排成伞房花序状;花瓣黄色,阔倒卵形。荚果扁平,边缘加厚,被柔毛,熟时带紫褐色;种子 10~20 颗。花期 10~11 月,果期 12 月至翌年 1 月。

分布(生境):原产印度、缅甸、越南、老挝、泰国、柬埔寨、马来西亚、印度尼西亚,生于海拔 330~2000 米路边、村旁、河滩上。在中国栽培于广东、海南、四川、台湾、云南(南部、西南部、西部,北至华坪)。

食用部位及方法:嫩叶和鲜花,焯水后炒食或做汤。

采食时间:嫩叶,春季;花,10~11 月。

西南猫尾木

Markhamia stipulata (Wallich) Seemann ex K. Schumann

紫葳科 Bignoniaceae

别(俗)名:猫尾树、齿叶猫尾木

形态特征:乔木。嫩枝、嫩叶及花序轴密被黄褐色短柔毛。奇数羽状复叶,小叶 7~11 枚,长椭圆形至椭圆状卵形。花序为顶生总状聚伞花序,被锈黄色柔毛,有花 4~10 朵;花冠黄白色,筒红褐色。蒴果披针形。种子长椭圆形。花期 9~12 月,果期翌年 2~3 月。

分布(生境):在中国分布于广东、广西、海南、云南(个旧、思茅、西双版纳、景东、临沧、双江、马关、金平)。柬埔寨、老挝、缅甸、泰国、越南有分布。生于海拔 610~1700 米地区的密林中。

食用部位及方法:鲜花,与佐料一起捣烂生食,或焯水后蘸佐料食用;幼嫩果荚,剥除有毛的外皮,生食或熟食。

采食时间:9~12 月。

虾子花

Woodfordia fruticosa (Linnaeus) Kurz

千屈菜科 Lythraceae

别(俗)名:虾子木、虾米草、吴福花,红蜂蜜花,火焰灌木

形态特征:灌木。叶对生,披针形或卵状披针形。1~15 花组成短聚伞状圆锥花序,花瓣淡黄色,线状披针形。蒴果膜质,线状长椭圆形,开裂成 2 果瓣;种子甚小,卵状或圆锥形,红棕色。花期春季。

分布(生境):在中国分布于广东、广西、云南(河口、蒙自、建水、绿春、元江、西双版纳、普洱、易门、双柏、景东、云县、凤庆)。不丹、印度、印度尼西亚、老挝、缅甸、尼泊尔、巴基斯坦、泰国有分布。生于海拔 300~2000 米的干热河谷地,山坡草地或向阳灌木丛中。

食用部位(营养成分)及方法:鲜花,焯水后炒食。研究表明虾子花具有肝脏保护活性(Yogesh et al, 2011)

采食时间:春季。

Opuntia dillenii (Ker Gawl.) Haw.

仙人掌科 Cactaceae

形态特征：丛生肉质灌木。上部分枝宽倒卵形、倒卵状椭圆形或近圆形，边缘通常不规则波状，基部楔形或渐狭，绿色至蓝绿色，无毛。叶钻形，绿色，早落。花辐状，花托倒卵形，花丝淡黄色。浆果倒卵球形，顶端凹陷，基部多少狭缩成柄状，紫红色；种子多数，扁圆形，边缘稍不规则，无毛，淡黄褐色。

分布（生境）：原产墨西哥东海岸、美国南部及东南部沿海地区、西印度群岛、百慕大群岛和南美洲北部；在加那利群岛、印度和澳大利亚东部逸生。中国于明末引种，南方沿海地区常见栽培，在广东、广西南部和海南沿海地区逸为野生。

食用部位（营养成分）及方法：根及茎：直接切薄片炒肉、煮虾仁汤、凉拌煮熟的菇类、做色拉或泡茶饮用；用烤炉烤熟切片蘸果酱吃；也可榨汁冲服或与多种水果鲜榨成精力饮料。花、幼茎可用来炖肉。每 100 克 仙人掌含矿物质 0.9 克，蛋白质 1.3 克，纤维素 6.7 克，铁 2.6 毫克，钙 20.4 毫克，17.0 毫克，维生素 A 0.22 毫克，维生素 C15.9 毫克，维生素 B2 0.04 毫克，维生素 B_1 0.03 毫克；谷氨酸 165.40 毫克 /100 克，天冬氨酸 79.31：毫克 /100 克；纤维素量 6.7 毫克 /100 克（曹俊涛等，2007）。

采食时间：根茎，常年四季；花，6~10 (~12) 月。

腺茉莉

Clerodendrum colebrookianum Walpers

马鞭草科 Verbenaceae

别(俗)名:臭牡丹

形态特征:灌木或小乔木。叶片厚纸质,宽卵形或椭圆状心形,基部三出脉,脉腋有数个盘状腺体。聚伞花序着生枝上部叶腋和顶端,通常 4~6 枝排列成伞房状;花冠白色,极少为红色,顶端 5 裂,裂片长圆形。果近球形,蓝绿色。花果期 8~12 月。

分布(生境):在中国分布于广东、广西、西藏、云南(贡山、福贡、盈江、腾冲、龙陵、凤庆、云县、景东、耿马、双江、澜沧、思茅、勐腊、蒙自、河口、西畴、富宁),孟加拉国、不丹、印度、印度尼西亚、老挝、马来西亚、缅甸、尼泊尔、泰国、越南有分布。生于海拔 500~2100 米的山坡疏林、灌丛或路边。

食用部位(营养成分)及方法:嫩梢、鲜花瓣,焯水漂洗后炒食。

采食时间:嫩梢,春季;鲜花瓣,8~12 月。

Ligustrum quihoui Carr.

木樨科 Oleaceae

小叶女贞

形态特征：落叶灌木。小枝密被微柔毛，后脱落。叶片披针形、长圆状椭圆形、椭圆形、倒卵状长圆形至倒披针形或倒卵形。圆锥花序顶生，近圆柱形，分枝处常有 1 对叶状苞片；小苞片卵形，花萼无毛；花冠长 4~5 毫米，花冠管长 2.5~3 毫米，裂片卵形或椭圆形，长 1.5~3 毫米，先端钝；雄蕊伸出裂片外，花丝与花冠裂片近等长或稍长。果倒卵形、宽椭圆形或近球形，长 5~9 毫米，径 4~7 毫米，呈紫黑色。花期 5~7 月，果期 8~11 月。

分布（生境）：在中国产于陕西南部、山东、江苏、安徽、浙江、江西、河南、湖北、四川、贵州西北部、云南、西藏察隅。生沟边、路旁或河边灌丛中，或山坡，海拔 100~2500 米。

食用部位及方法：花，做菜，炒食。

采食时间：5~7 月。

锈叶杜鹃

Rhododendron siderophyllum Franchet

杜鹃花科 Ericaceae

形态特征：灌木。叶散生，叶片椭圆形或椭圆状披针形，密被小鳞片。花序顶生或同时腋生枝顶，3~5 花；花冠筒状漏斗形，白、淡红、淡紫或偶见玫红色，内面上方通常有黄绿色、淡红色或杏黄色斑或无斑。蒴果长圆形。花期 3~6 月。

分布（生境）：在中国分布于贵州、四川、云南［大理、武定、禄劝、昆明、巧家（药山）、镇雄、易门、新平、之江、绿春、砚山、广南、马龙、寻甸］。生于海拔 1200 ~ 3000 米的山中，常见于山坡灌丛、杂木林或松林内。

食用部位及方法：鲜花瓣，焯水漂洗去涩味后炒食或与蚕豆子叶一起做汤。

采食时间：3~6 月。

须弥葛

别(俗)名:马鹿花、思茅葛

形态特征:灌木状缠线藤本。枝纤细,薄被短柔毛或变无毛。叶大,偏斜;托叶基着,披针形,早落;小托叶小,刚毛状;顶生小叶倒卵形,长 10~13 厘米,先端尾状渐尖,基部三角形,全缘,上面绿色,变无毛,下面灰色,被疏毛。总状花序长达 15 厘米,常簇生或排成圆锥花序式;总花梗长,纤细;花梗纤细,簇生于花序每节上;花萼长约 4 毫米,近无毛,膜质,萼齿有时消失,有时极宽,下部的稍宽;花冠淡红色,旗瓣倒卵形,长 1.2 厘米,基部渐狭成短瓣柄,无耳或有一极细而内弯的耳,具短附属体,翼瓣稍较弯曲的龙骨瓣为短,龙骨瓣与旗瓣相等;对旗瓣的 1 枚雄蕊仅基部离生,其余部分和雄蕊管连合。荚果直,长 7.5~12.5 厘米,宽 6~12 毫米,无毛,果瓣近骨质。花期 9~10 月。

分布(生境):在中国产于西藏(察隅)及云南。生于海拔 1700 米的山坡灌丛中。泰国、缅甸、印度东北部、不丹、和尼泊尔亦有分布。

食用部位(营养成分)及方法:花,腌食。

采食时间:9~10 月。

悬钩子蔷薇

Rosa rubus Lévl. et Vant.

蔷薇科 Rosaceae

别(俗)名:和尚头刺藤

形态特征:匍匐灌木。小枝皮刺短粗、弯曲。小叶通常5,小叶片卵状椭圆形、倒卵形或和圆形,边缘有尖锐锯齿。花10~25朵,排成圆锥状伞房花序;花瓣白色,倒卵形。果近球形,猩红色至紫褐色,有光泽,花后萼片反折,以后脱落。花期4~6月,果期7~9月。

分布(生境):在中国产自甘肃、陕西、湖北、四川、云南、贵州、广西、广东、江西、福建、浙江、等地。多生于山坡、路旁、草地或灌丛中,海拔500~1300米。

食用部位及方法:花,焯水炒食或做鲜花饼。

采食时间:4~6月。

Averrhoa carambola L.

酢浆草科 Oxalidaceae

形态特征：乔木。树皮暗灰色，内皮淡黄色。奇数羽状复叶，互生；小叶 5~13 片，全缘，卵形或椭圆形，顶端渐尖。花小，微香，数朵至多朵组成聚伞花序或圆锥花序，花枝和花蕾深红色。浆果肉质，下垂，有 5 棱，很少 6 或 3 棱，横切面呈星芒状，淡绿色或蜡黄色，有时带暗红色；种子黑褐色。花期 4~12 月，果期 7~12 月。

分布（生境）：生于路旁、疏林或庭园中。在中国广东、广西、福建、台湾、云南有栽培。原产马来西亚、印度尼西亚，现广植于热带各地。

食用部位（营养成分）及方法：花，炖虫草、鸭子，补肺益肾。杨桃果实具生津止渴、解酒毒、止血、生肌等多种功效。杨桃中含有较丰富的糖类、有机酸及维生素 B、C，挥发油、胡萝卜素、糖类、有机酸等成分（钱爱萍，2012）。

采食时间：花，4~12 月；果，7~12 月。

叶萼核果茶

Pyrenaria diospyricarpa Kurz

山茶科 Theaceae

别(俗)名:云南核果茶

形态特征:乔木。嫩枝被灰色柔毛;幼枝被黄褐色茸毛。叶膜质,长圆形或倒披针形,先端钝或略尖,基部楔形,近全缘或有疏钝齿。花白色,生枝顶叶腋;花瓣 5,倒卵形,长 2~3 厘米,被毛;雄蕊多列,比花瓣短,基部略连生;子房有毛,5 室,侧面有浅沟,花柱 5 条,离生,长 4~6 毫米;胚珠多数,排成 2 列。花期 5 月,果期 9~11 月。

分布(生境):在中国产自云南临沧、西双版纳等地。国外分布于印度。生于海拔 2100 米的常绿林。

食用部位及方法:花,可作菜肴配料食用。

采食时间:5 月。

Saraca indica Linnaeus

苏木科 Caesalpiniaceae

印度无忧花

别(俗)名:无忧花

形态特征:乔木。叶片颇大,偶数羽状复叶,有小叶 4~7 对,长椭圆形或长倒卵形。伞房状圆锥花序顶生,花两性,无瓣。小苞片呈花瓣状,花萼花瓣状,橙黄色至深红色。荚果扁长椭圆形,两端稍尖。每果荚内有种子 6~12 粒不等,种子棕褐色,有肾形、倒卵形或长椭圆形等多种形态。花期 3~5 月。

分布(生境):原产于泰国、缅甸、印度,中国云南(南部)有栽培。

食用部位及方法:嫩叶和鲜花,焯水后,炒食或做汤。

采食时间:3~5 月。

月季

Rosa chinensis Jacq.

蔷薇科 Rosaceae

别(俗)名:月月红、月月花

形态特征:直立灌木。小枝粗壮,有短粗的钩状皮刺或无刺。小叶3~5,稀7,小叶片宽卵形至卵状长圆形。花几朵集生,稀单生,花瓣重瓣至半重瓣,红色、粉红色至白色,倒卵形,先端有凹缺,基部楔形。果卵球形或梨形,红色,萼片脱落。花期4~9月,果期6~11月。

分布(生境):原产中国,各地普遍栽培。园艺品种很多。

食用部位(营养成分)及方法:花,做花茶、面糊炸、做鲜花饼。月季花瓣蛋白质和脂肪的平均含量分别为8.93%、1.28%(质量分数);矿物元素钾、钙、镁、钠、铁、锰、铜、锌、硒等的平均含量分别为14459.41微克/克、2 171.43微克/克、1 692.21微克/克、53.04微克/克、93.31微克/克、30.98微克/克、3.70微克/克、20.89微克/克、0.87微克/克(张孟琴等,2021)。

采食时间:4~9月。

Pinus yunnanensis Franch.

松科 Pinaceae

云南松

别(俗)名:飞松、青松、长毛松

形态特征:乔木。树皮褐灰色,深纵裂,鳞状块片脱落。针叶通常3针一束,常在枝上宿存三年。雄球花圆柱状,生于新枝下部的苞腋内,聚集成穗状。球果成熟时褐色或栗褐色,圆锥状卵圆形,种鳞矩圆状椭圆形,鳞盾通常肥厚、隆起,有横脊,鳞脐微凹或微隆起,有短刺;种子褐色,近卵圆形或倒卵形,微扁。花期4~5月,球果翌年10月成熟。

分布(生境):在中国分布于西南地区。在云南(墨江、个旧、文山、开远、广南、腾冲、龙陵、东部南盘江流域、西北部怒江流域、金沙江流域)、西藏东南部、四川、贵州、广西等地海拔600~3100米地带,多组成单纯林,或与华山松、云南油杉、旱冬瓜及栎类等树种组成混交林,生长旺盛。

食用部位及方法:花粉,制作松花糕。

采食时间:4~5月。

云上杜鹃

Rhododendron pachypodum I. B. Balfour & W. W. Smith

杜鹃花科 Ericaceae

别(俗)名:白豆花、波瓣杜鹃

形态特征:灌木稀为小乔木。叶椭圆形、长椭圆状披针形、倒卵形。花序顶生,2~4 花伞形着生,通常 3 花;花冠宽漏斗状,白色,外面带淡红色晕,内面有一淡黄色斑块。蒴果卵形或长圆状卵形,基部托以宿萼。花期 4~5 月,滇东南花期在 3 月。

分布(生境):在中国分布于云南(腾冲、保山、大理、漾濞、云龙、巍山、弥渡、凤庆、景东、双江、临沧、楚雄、双柏、新平、元江、思茅、富民、昆明、江川、蒙自、金平、屏边、砚山、文山、西畴、麻栗坡、广南)。缅甸有分布。生于海拔 1200 ~ 3100 米的干燥山坡灌丛或山坡杂木林下、石山阳处。

食用部位及方法:鲜花瓣,焯水漂洗去涩味后炒食或与蚕豆子叶一起做汤。

采食时间:春季。

珍珠花

别(俗)名:南烛、米饭花

形态特征:常绿或落叶灌木或小乔木。叶革质,卵形或椭圆形。总状花序着生于叶腋,近基部有 2~3 枚叶状苞片,早落;花萼深 5 裂,裂片长椭圆形;花冠圆筒状,上部浅 5 裂,裂片向外反折,先端钝圆;雄蕊 10 枚;子房近球形。蒴果球形,种子短线形,无翅。花期 5~6 月,果期 7~9 月。

分布(生境):中国产于台湾、福建、湖南、广东、广西、四川、贵州、云南、西藏等地。生于海拔 700~2 800 米的林中。巴基斯坦、尼泊尔、不丹、印度(北部、锡金)、泰国、马来半岛也有分布。

食用部位及方法:花,炒食。

采食时间:5~6 月。

栀子

Gardenia jasminoides Ellis

茜草科 Rubiaceae

别(俗)名:黄栀子、黄栀、山栀子、山栀、水栀子、林兰、越桃、木丹、山黄栀

形态特征:灌木。叶对生,通常为长圆状披针形、倒卵状长圆形、倒卵形或椭圆形。花通常单朵生于枝顶,花冠白色或乳黄色,高脚碟状,喉部有疏柔毛,通常6裂,裂片广展,倒卵形或倒卵状长圆形。果卵形、近球形、椭圆形或长圆形,黄色或橙红色;种子多数,扁,近圆形而稍有棱角。花期3~7月,果期5月至翌年2月。

分布(生境):在中国产于山东、江苏、安徽、浙江、江西、福建、台湾、湖北、湖南、广东、香港、广西、海南、四川、贵州和云南(昆明、文山、富宁、河口、勐腊等地),河北、陕西和甘肃有栽培。生于海拔10~1 500米处的旷野、丘陵、山谷、山坡、溪边的灌丛或林中。国外分布于日本、朝鲜、越南、老挝、柬埔寨、印度、尼泊尔、巴基斯坦,以及太平洋岛屿和美洲北部,野生或栽培。

食用部位及方法:花,可做花茶、炒、做汤食用或提色素。

采食时间:3~7月。

Afgekia filipes (Dunn) R. Geesink

蝶形花科 Papilionaceae

猪腰豆

别(俗)名:白藤花

形态特征:大型攀缘灌木。羽状复叶,小叶 (6~) 8~9 对,近对生,长圆形。总状花序生于老茎或当年侧枝上,先花后叶,数枝聚集成大型的复合花序,花冠堇青色至淡红色,旗瓣圆形,翼瓣和龙骨瓣狭镰状长圆形,弓状弯曲,基部内侧有耳,花瓣均近等长。荚果大型,纺锤状长圆形,常有种子 1 粒;种子猪肾状。花期 7~8 月,果期 9~11 月,果宿存于枝上。

分布(生境):在中国产于广西、云南(镇康、双江、西双版纳、思茅、景东、墨江、屏边、文山)。生于山谷疏林中,海拔 250~1300 米处。

食用部位及方法:花,炒食。猪腰豆属植物中含有黄酮、生物碱、萜类、甾体等多种类型的化合物,且具有抗肿瘤、抗炎、降血糖等显著的生物活性(陈俊锟,2022)。

采食时间:7~8 月。

紫藤

Wisteria sinensis (Sims) DC.

蝶形花科 Papilionaceae

别(俗)名:朱藤、招藤、招豆藤、藤萝

形态特征:落叶藤本。奇数羽状复叶,小叶 3~6 对,卵状椭圆形至卵状披针形。总状花序发自去年短枝的腋芽或顶芽,花冠紫色,旗瓣圆形,翼瓣长圆形,龙骨瓣较翼瓣短,阔镰形。荚果倒披针形,悬垂枝上不脱落,有种子 1~3 粒;种子褐色,具光泽,圆形,扁平。花期 4 月中旬至 5 月上旬,果期 5~8 月。

分布(生境):在中国产自河北以南黄河长江流域及陕西、河南、广西、贵州、云南等地。

食用部位(营养成分)及方法:花,做粥、糕或直接炒食。紫藤含丰富的萜类、黄酮类、酚类、生物碱、凝集素类、有机酸等;粗提物和单体成分具有抗氧化、降血压、抗癌、抗病毒、抑菌、凝集等作用(李春龙等,2022)。

采食时间:4 月中旬至 5 月上旬。

Lagerstroemia indica L.

千屈菜科 Lythraceae

紫薇

别(俗)名:痒痒花、痒痒树、紫金花、紫兰花、蚊子花、西洋水杨梅、百日红、无皮树

形态特征:落叶灌木或小乔木。叶互生或有时对生,椭圆形、矩圆形或倒卵形。花淡红色或紫色、白色,顶生圆锥花序;花瓣 6。蒴果椭圆状球形或阔椭圆形,室背开裂。花期 6~9 月,果期 9~12 月。

分布(生境):在中国广东、广西、湖南、福建、江西、浙江、江苏、湖北、河南、河北、山东、安徽、陕西、四川、云南、贵州及吉林均有生长或栽培;半阴生,喜生于肥沃湿润的土壤上,也能耐旱,不论钙质土或酸性土都生长良好。原产亚洲,现广植于热带地区。

食用部位及方法:花,炖猪脚。

采食时间:6~9 月。

紫玉兰

Yulania liliiflora (Desrousseaux) D. L. Fu

木兰科 Magnoliaceae

别(俗)名:辛夷、木兰、木笔、望春

形态特征:落叶灌木。叶椭圆状倒卵形或倒卵形,先端急尖或渐尖,基部渐狭,沿叶柄下延至托叶痕。花蕾卵圆形,被淡黄色绢毛;花叶同时开放,瓶形,直立,稍有香气;花被片 9~12,外轮 3 片萼片状,紫绿色,披针形。聚合果深紫褐色,变褐色,圆柱形,成熟蓇葖近圆球形,顶端具短喙。花期 3~4 月,果期 8~9 月。

分布(生境):在中国产于福建、湖北、四川、云南西北部(丽江、贡山、怒江)。生于海拔 300~1600 米的山坡林缘。

食用部位及方法:花,煎、炸、配菜。

采食时间:3~4 月。

棕榈

别(俗)名:棕树

形态特征:乔木状。树干被不易脱落的网状纤维。叶片呈 3/4 圆形或者近圆形,深裂成 30~50 片具皱褶的线状剑形。花序粗壮,多次分枝,从叶腋抽出。雄花序具有 2~3 个分枝花序,雄花无梗,黄绿色,花瓣阔卵形;雌花序有 3 个佛焰苞包着,具 4~5 个圆锥状的分枝花序,淡绿色,花瓣卵状近圆形。果实阔肾形,有脐,为淡蓝色,有白粉。花期 4 月,果期 12 月。

分布(生境):在中国分布于长江以南各地,云南西北部、西部、中部至东南部。通常仅见栽培,罕见野生于疏林中,海拔上限 2000 米左右;在长江以北虽可栽培,但冬季茎须裹草防寒。日本也有分布。

食用部位(营养成分)及方法:未开放的花苞,焯水炒食。棕榈含有大量纤维素及鞣质;并含有较丰富的金属元素锌、铁、铜、铬、锰,其中根、皮中的含量明显高于种子。根、种子含有 10 多种氨基酸。

采食时间:春季。

果实

爱玉子

Ficus pumila Linn. var. pumila

桑科 Moraceae

别(俗)名：薜荔、凉粉子、木莲、凉粉果、冰粉子、鬼馒头、木馒头

形态特征：攀缘或匍匐灌木，叶两型，不结果枝节上生不定根，叶卵状心形；结果枝上无不定根，卵状椭圆形；托叶 2，披针形，被黄褐色丝状毛。榕果单生叶腋，瘿花果梨形，雌花果近球形，榕果成熟黄绿色或微红；总梗粗短；雄花，生榕果内壁口部，多数，排为几行，有柄，花被片 2~3，线形，雄蕊 2 枚，花丝短；瘿花具柄，花被片 3~4，线形，花柱侧生，短；雌花生另一植株榕一果内壁，花柄长，花被片 4~5。瘦果近球形，有黏液。花果期 5~8 月。

分布(生境)：在中国产自福建、江西、浙江、安徽、江苏、台湾、湖南、广东、广西、贵州、云南东南部、四川及陕西。北方偶有栽培。日本、越南北部也有。

食用部位(营养成分)及方法：瘦果水洗可作凉粉，成熟果实鲜食或作饮料。果肉的果胶质量分数高达 36.29%，膳食纤维质量分数达 42.35%，总糖质量分数为 23.82%，蛋白质质量分数为 3.74%，总黄酮质量分数为 3.14%，脂肪质量分数为 2.72%，同时维生素、矿质元素极为丰富(吴文珊等，2008)。

采食时间：5~8 月。

八角

别(俗)名:八角茴香、大茴香、唛角

形态特征:乔木;树冠塔形、椭圆形或圆锥形;枝密集。叶互生,在顶端 3~6 片近轮生或松散簇生,倒卵状椭圆形、倒披针形或椭圆形;在阳光下可见密布透明油点。花粉红至深红色,单生叶腋或近顶生,花被片 7~12 片,常 10~11,常具不明显的半透明腺点,最大的花被片宽椭圆形至宽卵圆形;雄蕊 11~20 枚,多为 13、14 枚,聚合果,蓇葖多为 8,呈八角形。正糙果 3~5 月开花,9~10 月果熟,春糙果 8~10 月开花,翌年 3~4 月果熟。

分布(生境):在中国主产于广西西部和南部,海拔 200~700 米,而天然分布海拔可达 1600 米。桂林和江西都已引种。福建南部、广东西部、云南东南部和南部也有种植。

食用部位(营养成分)及方法:八角果实在调味中可直接使用,如炖、煮、腌、卤、泡等,也可直接加工成五香调味粉。茴香油和八角油树脂则通常用于肉类制品、调味品、软饮料、冷饮、糖果以及糕点、烘烤食品等食品加工业领域。八角干燥成熟果实含有含芳香油、脂肪油、蛋白质、树脂等,提取物为茴香油,其中种子中含有茴香油 1.7%~2.7%,干果和干叶的茴香油含量分别为 12%~13%、1.6%~1.8%。茴香油的主要成分为茴香醚(Anethole)、茴香醛(Anisaldehyde)和茴香酮(Anisylacetone)、黄樟醚(Safrole)、水芹烯等(王琴等,2005)。

采食时间:3~4 月或 9~10 月。

槟榔青

Spondias pinnata (Linnaeus f.) Kurz

漆树科 Anacardiaceae

别(俗)名:嘎里罗、外木个、木个(西双版纳傣语)

形态特征:落叶乔木。小枝具小皮孔。叶互生,奇数羽状复叶有小叶2~5对,卵状长圆形或椭圆状长圆形。圆锥花序顶生,花小,白色;花瓣卵状长圆形。核果椭圆形或椭圆状卵形,成熟时黄褐色,大,每室具1种子,通常仅2~3颗种子成熟。花期3~4月,果期5~9月。

分布(生境):在中国分布于广西、海南、云南(金平、普洱、思茅、勐腊、景洪、勐海、双江)。印度尼西亚、菲律宾也有分布。生于海拔360~1200米的山坡、平坝或沟谷疏林中。

食用部位(营养成分)及方法:果肉,整果烤熟后,加盐和佐料等一起捣烂做成佐料酱,用其他蔬菜特别是生食的野菜或凉菜蘸食;果实,炖鸡或做汤的调味料;嫩梢,蘸佐料或包裹肉食一起生食。果实含丰富的营养成分,含总糖3.3%,单宁3.18%,淀粉2.02%,粗脂肪0.53%,胡萝卜素0.055毫克/100克,维生素B_1 0.030毫克/100克,维生素C 10.63毫克/100克(许又凯等,2002)。

采食时间:嫩梢,春季;果实,5~9月。

翅果藤

别(俗)名:野苦瓜、婆婆针线包、野甘草

形态特征:木质藤本,具乳汁。茎和枝具有皮孔。叶卵圆形至卵状椭圆形或阔卵形。花小,白绿色,组成疏散的圆锥状的腋生聚伞花序,花冠辐状,花冠筒短,裂片长圆状披针形。蓇葖椭圆状长圆形,种子长卵形。花期5~8月,果期8~12月。

分布(生境):在中国产于贵州、广西及云南(思茅、景东、巍山、勐海、景洪、凤庆、河口、临沧、金平、元江、泸西)等地。印度、缅甸、泰国、越南、老挝、印度尼西亚和马来西亚等地有分布。生长在海拔600~1600米山地疏林中或山坡路旁、溪边灌木丛中。

食用部位(营养成分)及方法:嫩果,可直接炒食或炒肉食用。翅果藤鲜果中水分含量为90.50%,蛋白质、可溶性蛋白含量分别为(11.29±0.228)毫克/克、(7.19±0.129)毫克/克,脂肪含量为(1.28±0.073)毫克/克,多糖含量高达(36.86±0.73)%,多酚和黄酮的含量分别为30.52±0.86)毫克/克、(8.34±0.24)毫克/克(陶亮等,2016)。

采食时间:夏、秋季。

刺天茄

Solanum violaceum L.

茄科 Solanaceae

别(俗)名:金纽扣、苦果、细苦子、弯把苦子

形态特征:多枝灌木。小枝、叶下面、叶柄、花序均密被星状茸毛。叶卵形。蝎尾状花序腋外生;花蓝紫色,或少为白色,花冠辐状,裂片卵形。果序被星状毛及直刺。浆果球形,光亮,成熟时橙红色,宿存萼反卷。种子淡黄色,近盘状。全年开花结果。

分布(生境):在中国产于四川、贵州、云南、广西、广东、福建、台湾,海拔 180~1700 米的林下、路边、荒地,在干燥灌丛中有时成片生长。广布于热带印度、中南半岛,南至马来半岛,东至菲律宾。

食用部位及方法:果实,炒食。

采食时间:全年。

Livistona saribus (Loureiro) Merrill ex Chevalier

棕榈科 Arecaceae（Palmae）

大叶蒲葵

别(俗)名:大蒲葵

形态特征:乔木状。叶大型,圆形或心状圆形,有一个大的圆形的不分裂的中心部分,周围分裂成多数的向先端渐狭的裂片,每裂片先端具短2裂的小裂片,叶柄长约1.3米或更长,粗壮,钝三棱形,两侧密被黑褐色的粗壮、压扁、下弯的刺。花序腋生。果序长0.8~1.1米,多分枝。果实椭圆形;种子椭圆形或卵球形。果期6月。

分布(生境):在中国分布于广东、海南、云南(景洪、勐腊)。婆罗洲、柬埔寨、印度尼西亚、老挝、马来西亚、菲律宾、泰国、越南有分布。生于海拔600~1100米的次生林中。

食用部位及方法:成熟果实,煮熟后作为糯米饭团夹心馅食用。

采食时间:6月。

滇刺枣

Ziziphus mauritiana Lam.

鼠李科 Rhamnaceae

别(俗)名:酸枣、缅枣、青枣、毛叶枣

形态特征:常绿乔木或灌木。幼枝被黄灰色密茸毛,老枝紫红色,有 2 个托叶刺,1 个斜上,1 个钩状下弯。叶纸质至厚纸质,卵形、矩圆状椭圆形,边缘具细锯齿,基生三出脉。花绿黄色,两性,5 基数,数个或 10 余个密集成腋生二歧聚伞花序;萼片卵状三角形;花瓣矩圆状匙形,基部具爪。核果矩圆形或球形,橙色或红色,成熟时变黑色,基部有宿存的萼筒;种子宽而扁,红褐色,有光泽。花期 8~11 月,果期 9~12 月。

分布(生境):在中国分布于云南、四川、广东、广西,在福建和台湾有引种栽培。国外分布于斯里兰卡、印度、阿富汗、越南、缅甸、马来西亚、印度尼西亚、澳大利亚及非洲。生长于海拔 1800 米以下的山坡、丘陵、河边湿润林中或灌丛中。

食用部位(营养成分)及方法:花,腌制;果实可食。果实含维生素 C2.73 毫克 / 克,尼克酸 2.08 毫克 / 克,硫胺素 0.74 毫克 / 克,核黄素 13.51 毫克 / 克,β ~ 胡萝卜素 1.54 毫克 /100 克,含矿质元素钾 323.31 毫克 /100 克,锌 0.34 毫克 /100 克,钠 15.23 毫克 /100 克,钙 60.91 毫克 /100 克,镁 24.36 毫克 /100 克。至少含有 17 种氨基酸,其中 7 种为人体必需的氨基酸(袁瑾等,1998)。

采食时间:花,8~11 月;果,9~12 月。

番木瓜

别(俗)名: 木瓜、万寿果、番瓜、缅芭蕉

形态特征: 常绿小乔木,具乳汁。茎具螺旋状排列的托叶痕。叶大,聚生于茎顶端,近盾形。花单性或两性。植株有雄株、雌株和两性株;雄花排列成圆锥花序;花冠乳黄色;雌花单生或由数朵排列成伞房花序,着生叶腋内,裂片 5,乳黄色或黄白色,长圆形或披针形。浆果肉质,成熟时橙黄色或黄色,长圆球形、倒卵状长圆球形、梨形或近圆球形,果肉柔软多汁,味香甜;种子卵球形,外种皮肉质,内种皮木质,具皱纹。花果期全年。

分布(生境): 原产中美洲,广泛引种栽培于热带和暖亚热带地区。广泛栽培于中国的福建、广东、广西、台湾、云南(西部、南部等热区,金沙江等干热河谷、坝区)。

食用部位(营养成分)及方法: 八成熟果实,煮熟食用或凉拌食用;嫩梢,炒食或做汤;雄花序,炒食。番木瓜营养成分丰富(Azarkan etal.,2003;陈漫霞等,2004),包括酶类,如木瓜蛋白酶、木瓜凝乳蛋白酶 A 和 B、木瓜肽酶 A、溶菌酶、过氧化氢酶、酚氧化酶等;有机酸;如苹果酸、酒石酸、柠檬酸、齐墩果酸等;皂苷,如番木瓜碱、黄酮类。此外,还含有糖、脂肪、蛋白质、钙盐、胡萝卜素、B 族维生素、维生素 C、维生素 D、维生素 E、微量元素(钙、铁、锌、硒、磷、钠、钾、镁)、粗纤维、果胶、鞣质以及赖氨酸、缬氨酸、异亮氨酸等 17 种氨基酸。

采食时间: 花果,全年;嫩梢,春、夏季。

橄榄

Canarium album (Loureiro) Raeuschel

橄榄科 Burseraceae

别(俗)名:青果

形态特征:乔木。小叶3~6对,披针形或椭圆形(至卵形)。花序腋生,雄花序为聚伞圆锥花序;雌花序为总状。果序具1~6果;果卵圆形至纺锤形,成熟时黄绿色;外果皮厚,干时有皱纹;种子1~2。花期4~5月,果期10~12月。

分布(生境):在中国分布于福建、广东、广西、贵州、海南、四川、台湾、云南(南部和东南部)。越南有分布。生于海拔100~1300米的沟谷、山坡杂木林中,或栽培于庭园、村旁。

食用部位(营养成分)及方法:果实,加盐和佐料等一起捣烂做成菜酱,直接食用或用其他菜蘸食。橄榄富含蛋白质、脂肪、碳水化合物、维生素和矿物质和生物活性成分多酚、黄酮、三萜、苯丙素和挥发油等(伍晓玲,2017)。

采食时间:10~12月。

Pachira aquatic Aublet

木棉科 Bombacaceae

瓜栗

别(俗)名:发财树

形态特征:小乔木。小叶具短柄或近无柄,长圆形至倒卵状长圆形。花单生枝顶叶腋;花梗粗壮,萼杯状,近革质;花瓣淡黄绿色,狭披针形至线形,上半部反卷;花丝下部黄色,向上变红色,花药狭线形,弧曲;花柱长于雄蕊,深红色。蒴果近梨形,果皮厚,木质,几黄褐色。花期 4~5 月,果期 9~10 月。

分布(生境):原产墨西哥至哥斯达黎加,中国云南西双版纳有栽培。

食用部位及方法:果皮未熟时可食,种子可炒食。种子可以磨成面粉,用来做面包。烘焙过的种子有时用来做饮料。嫩叶和花煮熟可用作蔬菜。

采食时间:嫩叶和花,4~5 月;果实和种子,8~10 月。

拐枣

Hovenia acerba Lindl.

鼠李科 Rhamnaceae

别(俗)名:枳椇、鸡爪子枸、万字果

形态特征:高大乔木。叶互生,宽卵形、椭圆状卵形或心形,基部截形或心形,边缘常具细锯齿。二歧式聚伞圆锥花序,顶生和腋生,被棕色短柔毛;花两性;花瓣椭圆状匙形。浆果状核果近球形,成熟时黄褐色或棕褐色;果序轴明显膨大;种子暗褐色或黑紫色。花期 5~7 月,果期 8~10 月。

分布(生境):在中国产于云南(东北部、中部、思茅、临沧)、甘肃、陕西、河南、安徽、江苏、浙江、江西、福建、广东、广西、湖南、湖北、四川、贵州。生于海拔 2100 米以下的开旷地、山坡林缘或疏林中;庭院宅旁常有栽培。印度、尼泊尔、不丹和缅甸北部也有。

食用部位(营养成分)及方法:果序轴肥厚、含丰富的糖,可生食、酿酒、熬糖,民间常用以浸制“拐枣酒”。枳椇子含有黄酮类化合物、生物碱、脂肪酸、皂苷和糖苷类等主要功能成分,具有保肝、解酒、抗肿瘤和防癌治癌等药理功效。

采食时间:秋季。

Piper flaviflorum C. DC.

胡椒科 Piperaceae

黄花胡椒

形态特征：攀缘藤本。枝有细纵棱。叶有细腺点，椭圆形或卵状长圆形，叶脉 7 条，最上 1 对互生；叶鞘延长，常超过叶柄之半。花黄色，单性，雌雄异株，聚集成与叶对生的穗状花序；雄花序纤细，雌花序长 10~14 厘米。浆果球形，黄色，干后常皱缩。花期 11 月至翌年 4 月。

分布（生境）：在中国产于云南中南部（双柏经思茅至西双版纳）至西南部（盈江经耿马至沧源）。生于寨旁或山谷、沟边密林中，攀缘于大树上，海拔 540~1800 米。

食用部位及方法：果实，做佐料、配料；茎，去皮后与其他蔬菜或肉类一起煮食，主要食用茎心。

采食时间：夏、秋季。

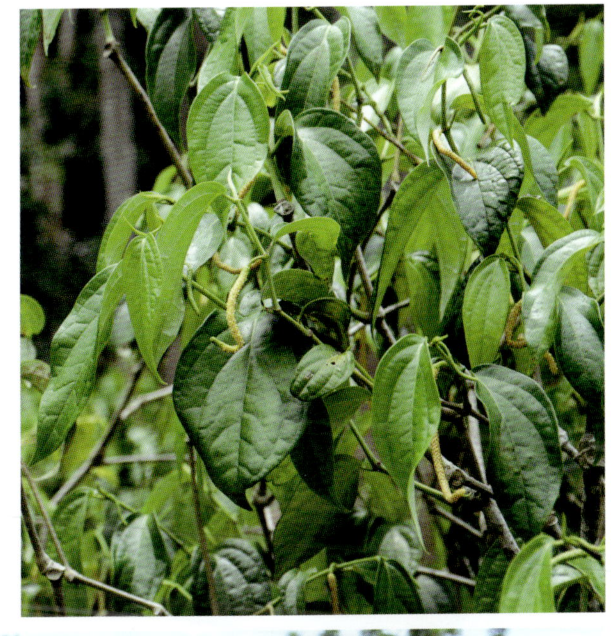

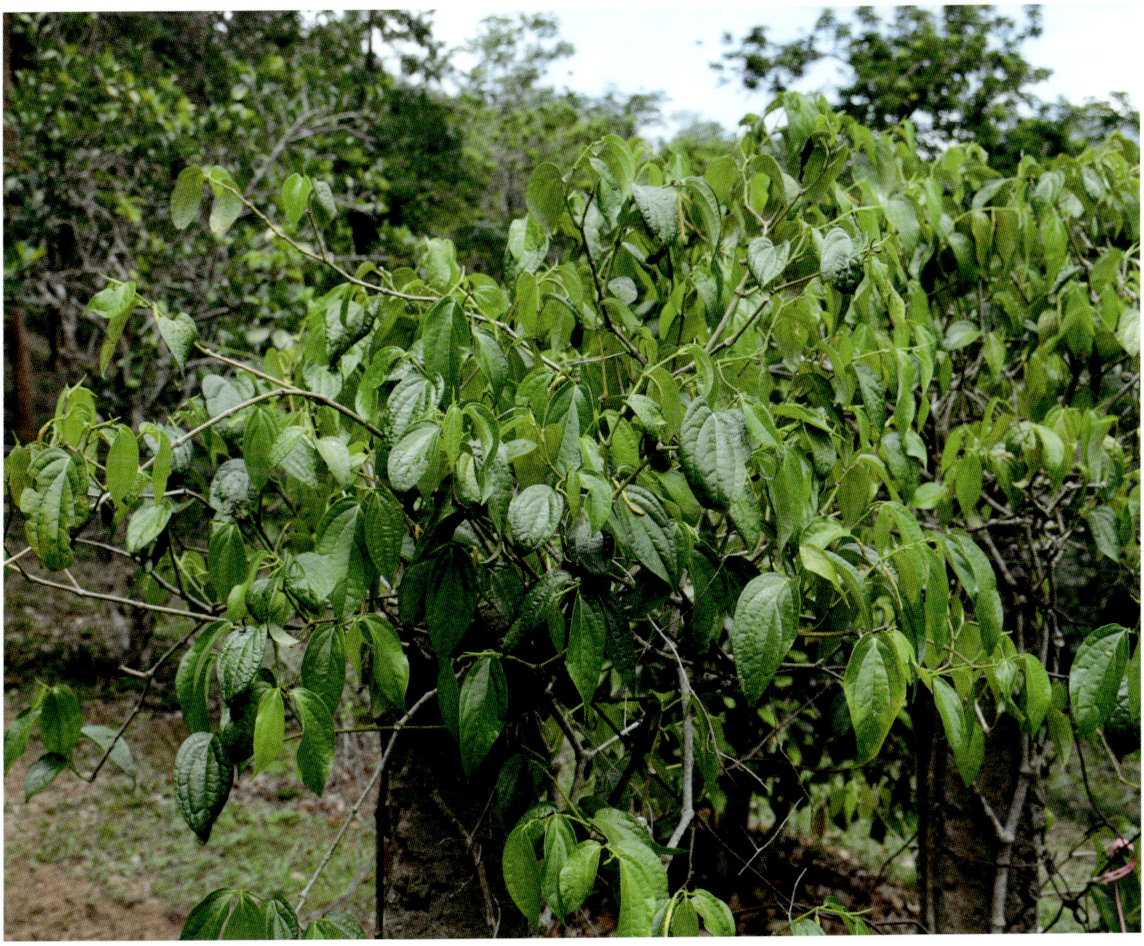

毛车藤

Amalocalyx microlobus Pierre

夹竹桃科 Apocynaceae

别(俗)名:酸柄果

形态特征:木质藤本。叶纸质,宽倒卵形或椭圆状长圆形。聚伞花序腋生,近伞房状,着花 15~20 朵;花冠红色,近钟状,无毛。蓇葖 2 枚并生,椭圆形,外果皮木质,有皱纹,深褐色,被锈色柔毛,内果皮有光泽、质脆;种子无毛,淡褐色,卵圆形。花期 4~10 月,果期 9 月至翌年 1 月。

分布(生境):在中国产于云南南部西双版纳等地。生于海拔 800~1000 米的山地疏林中。老挝、缅甸也有分布。

食用部位及方法:果实,焯水炒食。

采食时间:9 月至翌年 1 月。

Markhamia stipulate var. *kerrii* (Sprague) C. Y. Wu et W. C. Yin

紫葳科 Bignoniaceae

毛叶猫尾木

别(俗)名:毛叶猫尾树

形态特征:乔木。嫩枝、嫩叶及花序轴密被黄褐色短柔毛。奇数羽状复叶;小叶 7~11 枚,长椭圆形至椭圆状卵形。花序为顶生总状聚伞花序,被锈黄色柔毛,有花 4~10 朵。花萼佛焰苞状;花冠黄白色,筒红褐色,裂片边缘具不规则的齿刻,具皱纹;雄蕊 4,二强;花盘环状。蒴果披针形;种子长椭圆形。花期 9~12 月,果期翌年 2~3 月。

分布(生境):在中国产于云南南部的普洱、西双版纳、元江、新平、麻栗坡、金平、屏边,海南(保亭)、广西(那坡)。生于密林或疏林中,海拔 348~1700 米。在越南、泰国、老挝、柬埔寨、缅甸也有分布。

食用部位及方法:幼嫩果荚,剥除有毛的外皮炒食;鲜花,与佐料一起捣烂生食,或焯水后蘸佐料食用。

采食时间:花,9~12 月;果,翌年 1~3 月。

木瓜海棠

Chaenomeles cathayensis (Hemsley) C. K. Schneider

蔷薇科 Rosaceae

别(俗)名:毛叶木瓜、木桃

形态特征:落叶灌木至小乔木。枝条具短枝刺。叶片椭圆形、披针形至倒卵披针形。花先叶开放,2~3 朵簇生于二年生枝上,花梗短粗或近于无梗;花瓣倒卵形或近圆形,淡红色或白色。果实卵球形或近圆柱形,先端有突起,黄色有红晕,味芳香。花期 3~5 月,果期 9~10 月。

分布(生境):在中国分布于福建、甘肃、贵州、湖北、湖南、江苏、江西、陕西、四川、西藏、云南、浙江,野生于海拔 900~2500 米的山坡、林缘、道旁。

食用部位(营养成分)及方法:鲜果,切片后煮肉食用。果实中含有总糖、还原糖、总酸、维生素 C、粗蛋白质、粗脂肪、粗纤维等。

采食时间:9~10 月。

木蝴蝶

别(俗)名：千张纸、海船、破故纸、毛鸦船、王蝴蝶、千层纸、土黄柏

形态特征：小乔木。大型奇数二至四回羽状复叶，着生于茎干近顶端，小叶三角状卵形。总状聚伞花序顶生，粗壮，花大、紫红色。花冠肉质，傍晚开放，有恶臭气味。蒴果木质，常悬垂于树梢，长 40~120 厘米，2 瓣开裂，果瓣具有中肋，边缘肋状凸起。种子多数，圆形具翅，周翅薄如纸，故有千张纸之称。

分布(生境)：在中国分布于福建、广东、广西、贵州、四川、台湾、云南(西双版纳、凤庆、新平、河口、西畴等地和金沙江、澜沧江流域的干热河谷地区)。不丹、柬埔寨、印度、印度尼西亚、老挝、马来西亚、缅甸、尼泊尔、菲律宾、泰国、越南均有分布。生于海拔 100~1800 米热带及亚热带低丘河谷密林，以及公路边丛林中。

食用部位(营养成分)及方法：幼嫩果荚，炒食或腌酸后食用；嫩叶，焯水后与佐料一起捣烂食用。木蝴蝶果实含有 17 种氨基酸(8 种人体必需氨基酸、9 种药用氨基酸)；果实含有 12 种矿质元素，含量大小依次为钙、镁、砷、铅、铁、铜、锌、锰等(吴素莹等，2021)

采食时间：花，春季；果荚，秋季。

蒲葵

Livistona chinensis (Jacq.) R. Br.

棕榈科 Arecaceae（Palmae）

形态特征：乔木状，基部常膨大。叶阔肾状扇形，掌状深裂至中部，裂片线状披针形。花序呈圆锥状，粗壮，长约 1 米，总梗上有 6~7 个佛焰苞，约 6 个分枝花序，每分枝花序基部有 1 个佛焰苞；花小，两性。果实椭圆形（如橄榄状），黑褐色；种子椭圆形。花果期 4 月。

分布（生境）：在中国产于南部，云南景洪、勐腊有栽培。中南半岛亦有分布。

食用部位（营养成分）及方法：果实，煮熟后放糯米团做馅。蒲葵子中含有鞣质、酚类、黄酮、生物碱、甾体、糖及脂肪酸等多种化学成分。蒲葵子的药理活性主要体现为抗肿瘤活性（谢真真等，2019）。

采食时间：4 月。

Rosa roxburghii Tratt.

蔷薇科 Rosaceae

缫丝花

别(俗)名:刺梨、刺檿、文光果

形态特征:灌木;有成对皮刺。小叶 9~15,小叶片椭圆形或长圆形,叶轴和叶柄有散生小皮刺。花单生或 2~3 朵生于短枝顶端;花瓣重瓣至半重瓣,淡红色或粉红色,微香,倒卵形,外轮花瓣大,内轮较小。果扁球形,绿红色,外面密生针刺;萼片宿存,直立。花期 5~7 月,果期 8~10 月。

分布(生境):在中国产于陕西、甘肃、江西、福建、广西、湖北、四川、贵州、云南中部、西北部、东北部。多生于向阳山坡、沟谷、路旁以及灌丛中,海拔 500~2500 米。

食用部位(营养成分)及方法:果实可食用或熬汤、酿酒。缫丝花果实不仅含有糖类、有机酸、氨基酸、脂肪酸、维生素、微量元素等营养成分,还含有多种具有药理活性的成分,如超氧化物歧化酶、黄酮类化合物、三萜类化合物、植物甾醇、多糖等,具有较高营养、保健和药用价值(路朝等,2021)。

采食时间:5~7 月。

山鸡椒

Litsea cubeba (Lour.) Pers.

樟科 Lauraceae

别(俗)名:木姜子、山苍树、毕澄茄、澄茄子、豆豉姜、山姜子、臭樟子、赛梓树、臭油果树、山胡椒

形态特征:落叶灌木或小乔木。叶互生,披针形或长圆形。伞形花序单生或簇生,每一花序有花 4~6 朵,先叶开放或与叶同时开放,花被裂片 6,宽卵形;雌花中退化雄蕊中下部具柔毛。果近球形,成熟时黑色。花期 2~3 月,果期 7~8 月。

分布(生境):在中国产于广东、广西、福建、台湾、浙江、江苏、安徽、湖南、湖北、江西、贵州、四川、云南(除高海拔地区外,大部分地区均有分布,以南部地区为常见)、西藏。生于向阳的山地、灌丛、疏林或林中路旁、水边,海拔 500~3200 米。东南亚各国也有分布。

食用部位(营养成分)及方法:果实,鲜食,用酱油浸泡后食用或做香料。果实能提取得到 3%~5% 的精油,山鸡椒含有挥发油类、生物碱类、木脂素类、黄酮类等化学成分,具有抗炎、抗肿瘤、抗菌、抗氧化、镇痛等药理作用(陆玫霖等,2022)。

采食时间:7~8 月。

树番茄

别(俗)名:缅茄

形态特征:小乔木或有时灌木。叶卵状心形;2~3 歧分枝。蝎尾式聚伞花序,近腋生或腋外生。花冠辐状,粉红色,深 5 裂,裂片披针形。果实卵状,多汁液,光滑,橘黄色或带红色;种子圆盘形,周围有狭翼。

分布(生境):原产南美洲,中国云南(永平、腾冲、龙陵、凤庆、西双版纳、昆明等地)和西藏有栽培和逸野。

食用部位(营养成分)及方法:果实,炒食或做汤。果实维生素 C、总酚、黄酮等抗氧化物质含量较高。

采食时间:秋冬。

水茄

Solanum torvum Swartz

茄科 Solanaceae

别(俗)名:苦子果、刺茄、山颠茄、金纽扣、鸭卡

形态特征:灌木。小枝疏具基部宽扁的皮刺,皮刺淡黄色,基部疏被星状毛。叶单生或双生,卵形至椭圆形。伞房花序腋外生,2~3 歧,毛被厚,花白色;花冠辐形,裂片卵状披针形,外面被星状毛。浆果黄色,圆球形,宿萼外面被稀疏的星状毛;种子盘状。全年均开花结果。

分布(生境):在中国产云南(东南部、南部及西南部)、广西、广东、台湾。喜生长于热带地方的路旁、荒地、灌木丛中、沟谷及村庄附近等潮湿地区,海拔 200~1650 米。普遍分布于热带印度,东经缅甸、泰国,南至菲律宾、马来西亚,也分布于热带美洲。

食用部位及方法:幼嫩果实,直接炒食或炒肉。

采食时间:全年。

甜槟榔青

别（俗）名：食用槟榔青、南洋橄榄、泰国槟榔青

形态特征：乔木，树型优美。叶互生，奇数羽状复叶；小叶 2~5 对，对生，膜质，卵状长圆形或椭圆状长圆形；先端渐尖或短尾尖，基部楔形或近圆形；叶轴和叶柄圆柱形，无毛，叶柄长 10~15 厘米，边缘具齿。圆锥花序顶生，先叶开放或与叶同出，花小，白色。果为肉质核果，内果皮木质，具坚硬的刺状突起。

分布：原产地可能是热带亚洲或大洋洲，中国有引种。

食用部位（营养成分）及方法：嫩叶、幼果及树皮食用，成熟果是一种水果，富含维生素 C 和铁。

采食时间：春季。

贴梗海棠

Chaenomeles speciosa (Sweet) Nakai

蔷薇科 Rosaceae

别(俗)名:皱皮木瓜、木瓜、贴梗木瓜

形态特征:落叶灌木,有刺。叶片卵形至椭圆形,稀长椭圆形,托叶大形,草质。花先叶开放,3~5 朵簇生于二年生老枝上;花梗短粗,长约 3 毫米或近于无柄;花直径 3~5 厘米;萼筒钟状,外面无毛;萼片直立,半圆形稀卵形;花瓣倒卵形或近圆形,基部延伸成短爪,猩红色,稀淡红色或白色;雄蕊 45~50,长约花瓣之半;花柱 5,基部合生,柱头头状。果实球形或卵球形,直径 4~6 厘米,黄色或带黄绿色,有稀疏不明显斑点,味芳香;萼片脱落,果梗短或近于无梗。花期 3~5 月,果期 9~10 月。

分布(生境):在中国产陕西、甘肃、四川、贵州、云南、广东。缅甸亦有分布。

食用部位及方法:果实,炖肉或炒食。

采食时间:9~10 月。

盐麸木

别(俗)名: 五倍子树、五倍柴、盐酸树、五倍子、山梧桐、乌桃叶、乌盐泡、酸酱头、红盐果、倍子柴、肤杨树、盐肤子、盐酸白

形态特征: 落叶小乔木或灌木。奇数羽状复叶有小叶(2~) 3~6 对,小叶多形,卵形或椭圆状卵形或长圆形,边缘具粗锯齿或圆齿。圆锥花序宽大,雄花序长,雌花序较短,花白色,雄花花瓣倒卵状长圆形;雌花花瓣椭圆状卵形。核果球形,成熟时红色。花期 8~9 月,果期 10 月。

分布(生境): 在中国分布于安徽、福建、甘肃、广东、广西、贵州、海南、河北、河南、湖北、湖南、江苏、江西、宁夏、青海、陕西、山东、山西、四川、台湾、西藏、云南、浙江。不丹、柬埔寨、印度、印度尼西亚、日本、韩国、老挝、马来西亚、新加坡、泰国、越南均有分布。生于海拔 100~2800 米的向阳山坡、沟谷、溪边的疏林、灌丛和荒地上。

食用部位(营养成分)及方法: 嫩梢,炒食或与佐料捣烂食用;果实,捣烂后拌佐料食用。每 100克盐麸木果实中含有油脂 12.74~21.07克、蛋白质 9.31~ 11.64克、还原糖 3.18~4.19克、灰分 3.18~3.68克。钙 59.97~111.72毫克,镁 39.27~95.75毫克,锌 0.83~1.95毫克,铜 1.47~2.36 毫克(陈存武等,2010)。

采食时间: 嫩梢,春季;果实,10 月。

野茄

olanum undatum Lamarck

茄科 Solanaceae

别(俗)名:丁茄、颠茄树、牛茄子、衫钮果、黄天茄

形态特征:直立草本至亚灌木。小枝、叶背面、叶柄、花序均密被灰褐色星状茸毛。小枝幼时具皮刺。叶卵形至卵状椭圆形。蝎尾状花序超腋生,能孕花单独着生于花序的基部;不孕花蝎尾状,能孕花较大,萼钟形,花冠辐状,星形,紫蓝色。浆果球状,成熟时黄色;种子扁圆形。花期夏季,果冬季成熟。

分布(生境):在中国产云南、广西、广东及台湾。见于灌木丛中或缓坡地带,海拔 180~1100 米。广布于埃及、阿拉伯至印度西北部以及越南、马来西亚至新加坡。

食用部位(营养成分)及方法:果实,烤或炒食。

采食时间:秋、冬季。

油棕

别（俗）名：油椰子

形态特征：直立乔木状。叶多，羽状全裂，簇生于茎顶，下部的退化成针刺状；叶柄宽。花雌雄同株异序，雄花序由多个指状的穗状花序组成，雌花序近头状。果实卵球形或倒卵球形，熟时橙红色。种子近球形或卵球形。花期 6 月，果期 9 月。

分布（生境）：原产非洲热带地区。中国的海南、台湾、云南（西双版纳、思茅）等热带地区有栽培，常作公路及街道行道树。

食用部位及方法：果实，加糖煮软后食用；嫩茎叶和未开出花序，炒食、炒肉或做汤。

采食时间：嫩梢和花，春、夏季；果实，9 月。

种子

板栗

Castanea mollissima Blume

壳斗科 Fagaceae

别(俗)名:栗子、毛栗、油栗

形态特征:乔木。叶椭圆至长圆形。雄花序长 10~20 厘米,花序轴被毛;花 3~5 朵聚生成簇,雌花 1~3 (~5) 朵发育结实,花柱下部被毛。成熟壳斗的锐刺有长有短,有疏有密,密时全遮蔽壳斗外壁,疏时则外壁可见,壳斗连刺径 4.5~6.5 厘米;坚果。花期 4~6 月,果期 8~10 月。

分布(生境):除青海、宁夏、新疆、海南等少数地区外,广布中国南北各地,在广东止于广州近郊,在广西止于平果市,在云南东南部则越过河口向南至越南沙坝地区。见于平地至海拔 2800 米山地,仅见栽培。

食用部位(营养成分)及方法:种子做配料、生食、炒食、炖食或煮粥。板栗富含蛋白质、碳水化合物、脂肪、钙、磷、铁、锌、多种维生素等营养成分。

采食时间:秋季。

Gnetum pendulum C. Y. Cheng

买麻藤科 Gnetaceae

垂子买麻藤

别(俗)名:藤子果、老熊果

形态特征:大藤本。叶片革质,窄矩圆形至矩圆状卵形,稀疏互生。雄球花序顶生,三至四回分枝,形成疏松的大型圆锥花序,环状总苞将雄花包围在内,每轮总苞内有雄花 45~70,雄花的基部仅有极少的短毛,假花被倒圆锥状盾形,顶端平,呈不规则的四或五角形,基部窄细,花丝合生,花药矩圆形,花穗上端有 14~16 朵倒披针状不育雌花排成一轮;雌球花序一次分枝,花穗有环状总苞 12~21 轮,每轮有雌花 10~12。成熟种子倒卵状长椭圆形或长椭圆形,基部常弯曲,种子下垂。

分布(生境):在中国产于云南南部(西起龙陵、临沧、镇康、澜沧、景东,南至西双版纳地区,东达金屏、屏边、西畴等地)海拔 1200~1800 米地带。多生于山坡及峡谷的森林中。

食用部位(营养成分)及方法:种子,炒食。

采食时间:8~9 月。

假苹婆

Sterculia lanceolata Cav.

梧桐科 Sterculiaceae

别(俗)名:鸡冠木、赛苹婆

形态特征:乔木。叶椭圆形、披针形或椭圆状披针形,顶端急尖。花淡红色;雄花的雌雄蕊柄弯曲,花药约10个;雌花的子房圆球形,被毛,花柱弯曲,柱头不明显5裂。蓇葖果鲜红色,长卵形或长椭圆形,顶端有喙,基部渐狭,密被短柔毛;种子黑褐色,椭圆状卵形。每果有种子2~4个。花期4~6月。

分布(生境):在中国产广东、广西、云南、贵州和四川南部,为中国产苹婆属中分布最广的一种,在华南山野间很常见,喜生于山谷溪旁。缅甸、泰国、越南、老挝也有分布。

食用部位及方法:假种皮、种子可食。

采食时间:7~8月。

Cajanus cajan (Linnaeus) Huth

蝶形花科 Papilionaceae

形态特征：灌木。叶具羽状 3 小叶，小叶披针形至椭圆形。总状花序，被灰黄色短柔毛；花冠黄色，旗瓣近圆形，基部有附属体及内弯的耳，翼瓣微倒卵形，有短耳，龙骨瓣先端钝，微内弯。荚果线状长圆形，于种子间具明显凹入的斜横槽，被灰褐色短柔毛，先端渐尖，具长的尖头；种子 3~6 颗，近圆形，稍扁，种皮暗红色，有时有褐色斑点。花、果期 2~11 月。

分布（生境）：在中国分布于福建、广东、广西、贵州、海南、湖南、江西、四川、台湾、云南、浙江。可能原产亚洲热带，现在世界广泛栽培。

食用部位（营养成分）及方法：鲜嫩种子，煮熟食用。木豆含有高达 18.5%~26.3% 的蛋白质、8 种人体必需氨基酸、51.4%~58.8% 的淀粉、多种维生素、矿物质、黄酮类和芪类化合物，营养丰富，是木本粮、菜、饲、药用作物（彭宇婧等，2021）。

采食时间：2~11 月。

苹婆

Sterculia monosperma Ventenat

梧桐科 Sterculiaceae

别(俗)名:凤眼果、七姐果

形态特征:乔木。叶薄革质,矩圆形或椭圆形。圆锥花序顶生或腋生,柔弱且披散;雄花较多,雌雄蕊柄弯曲,无毛,花药黄色;雌花较少,略大,子房圆球形,有5条沟纹,密被毛。蓇葖果鲜红色,厚革质,矩圆状卵形,顶端有喙,每果内有种子1~4个;种子椭圆形或矩圆形,黑褐色。花期4~5月,但在10~11月常可见少数植株开第二次花。

分布(生境):在中国产自广东、广西的南部、福建东南部、云南南部和台湾,广州附近和珠江三角洲多有栽培。喜生于排水良好的肥沃的土壤,且耐荫蔽。印度、越南、印度尼西亚也有分布,多为人工栽培。

食用部位及方法:种子可食,煮熟后味如栗子。

采食时间:6~8月。

Cassia agnes (de Wit) Brenan

苏木科 Caesalpiniaceae

神黄豆

别(俗)名:雄黄豆、排钱豆、斑色花、解大崩

形态特征:乔木。有小叶6~10对,小叶对生或近对生,椭圆形或长圆状椭圆形,边全缘。花序腋生,组成伞房状总状花序,苞片宽披针形,萼片5,宽披针形,花瓣5,淡红色;雄蕊10,其中3枚特大,4枚中等大,其他3枚更小,雌蕊细长,薄被柔毛,柱头盾状。荚果圆柱形,有环节;种子多数,被横隔膜分开。花期3~4月,果期8~10月。

分布(生境):在中国产于云南、广西等地。生山地林中。中南半岛有分布。

食用部位及方法:种子,炒食或煮食。

采食时间:8~10月。

梧桐

Firmiana simplex (Linnaeus) W. Wight

梧桐科 Sterculiaceae

别(俗)名:青桐

形态特征:落叶乔木。叶心形,掌状 3~5 裂,裂片三角形,顶端渐尖,基部心形。圆锥花序顶生,花淡黄绿色;萼 5 深裂几至基部;雄花的雌雄蕊柄与萼等长;雌花的子房圆球形,被毛。蓇葖果膜质,有柄,成熟前开裂成叶状,外面被短茸毛或几无毛,每蓇葖果有种子 2~4 颗;种子圆球形,表面有皱纹。花期 6 月。

分布(生境):中国从广东、海南到华北均产之。也分布于日本。多为人工栽培。

食用部位及方法:种子,炒或油炸食用。

采食时间:10~11 月。

银杏

别(俗)名:公孙树、白果树

形态特征:乔木。叶扇形,有多数叉状并列细脉,在短枝上常具波状缺刻,在长枝上常 2 裂,秋季为黄色。球花雌雄异株,单性,生于短枝顶端的鳞片状叶的腋内,呈簇生状;雄球花柔荑花序状,下垂,具短梗;雌球花具长梗,梗端常分两叉,稀 3~5 叉或不分叉,风媒传粉。种子常为椭圆形、长倒卵形、卵圆形或近圆球形,外种皮肉质,熟时黄色或橙黄色,外被白粉,有臭味。花期 3~4 月,种子 9~10 月成熟。

分布(生境):银杏为中生代孑遗的稀有树种,系中国特产,栽培区甚广:北自东北沈阳,南达广州,东起华东海拔 40~1000 米地带,西南至贵州、云南西部(腾冲)海拔 2000 米以下地带均有栽培。以海拔 1000 米(云南 1500~2000 米)以下,气候温暖湿润,年降水量 700~1500 毫米,土层深厚、肥沃湿润、排水良好的地区生长最好。

食用部位(营养成分)及方法:成熟种子,炖食、炒食。银杏果俗称白果,富含淀粉、蛋白质、脂肪、黄酮类、萜内酯类、多糖类、氨基酸、维生素和微量元素等营养及功能成分,具有抗氧化、抗衰老、抗肿瘤等多种医疗和保健作用,是一种药食功能俱佳的食品原料(陈柏林等,2020)。

采食时间:9~10 月。

油瓜

Hodgsonia heteroclita (Roxb.) Hook. f. et Thomson

葫芦科 Cucurbitaceae

别(俗)名:油渣果、猪油果

形态特征:木质藤本。茎、枝粗壮,具纵棱及槽,无毛。叶片 3~5 深裂、中裂、浅裂或有时不分裂,裂片卵状长圆形。卷须颇粗壮,2~5 歧,光滑无毛。雌雄异株;雄花总状花序,花冠辐状,外面黄色,里面白色,5 裂,先端流苏状;雌花单生。果实大型,扁球形,淡红褐色,有 12 条槽沟,具茸毛,有 6 枚大型种子(另外 6 枚不育);种子长圆形。花果期 6~10 月。

分布(生境):在中国产于云南南部、西藏东南部和广西。常野生于海拔 300~1500 米的灌丛中及山坡路旁,也有栽培。

食用部位及方法: 种仁,油炸或炒、包烧、烤食用。

采食时间:6~10 月。

Gleditsia sinensis Lam.

苏木科 Caesalpiniaceae

别(俗)名:皂荚树、皂角、猪牙皂、牙皂

形态特征:落叶乔木或小乔木。刺常分枝。叶为一回羽状复叶,卵状披针形至长圆形。花杂性,黄白色,总状花序。荚果带状,劲直或扭曲,果肉稍厚,两面鼓起,或有的荚果短小,多少呈柱形,弯曲作新月形,通常称猪牙皂,内无种子;种子多颗,长圆形或椭圆形,棕色,光亮。花期 3~5 月,果期 5~12 月。

分布(生境):在中国产河北、山东、河南、山西、陕西、甘肃、江苏、安徽、浙江、江西、湖南、湖北、福建、广东、广西、四川、贵州、云南等地。生于山坡林中或谷地、路旁,海拔自平地至 2500 米。

食用部位(营养成分)及方法:嫩芽油盐调食,其子煮熟糖渍可食。皂荚豆和壳含有粗蛋白、粗脂肪、粗纤维以及 18 种氨基酸,属高能量、高碳水化合物、低蛋白、低脂肪食品(邵金良等,2005)。

采食时间:春季。

根

粗叶榕

Ficus hirta Vahl

桑科 Moraceae

别(俗)名:五指毛桃、佛掌榕、大叶青

形态特征:灌木或小乔木。小枝,叶和榕果均被金黄色长硬毛。叶互生,长椭圆状披针形或广卵形,边缘具细锯齿,有时全缘或 3~5 深裂。榕果成对腋生或生于已落叶枝上,球形或椭圆球形;雌花果球形,雄花及瘿花果卵球形;雄花生于榕果内壁近口部,花被片 4,披针形,红色;瘿花花被片与雌花同数;雌花生雌株榕果内,花被片 4。瘦果椭圆球形。

分布(生境):在中国产自云南(盈江、西双版纳、绿春等)、贵州、广西、广东、海南、湖南、福建、江西。常见于村寨附近旷地或山坡林边,或附生于其他树干。尼泊尔、不丹、印度东北部、越南、缅甸、泰国、马来西亚、印度尼西亚也有。

食用部位(营养成分)及方法:根,可炖食。根营养成分丰富,每 100 克干样品中粗纤维、粗脂肪、粗蛋白、淀粉、总糖、灰分含量分别为 17.1 克、1.6 克、3.08 克、19.8 克、4.81 克、3.4 克;18 种氨基酸组成,至少有 8 种人体必需氨基酸和多种药用氨基酸,必需氨基酸 / 非必需氨基酸(EAA/NEAA)达 63% ;谷氨酸含量丰富,占总氨基酸 14% (曹利民等,2013)。

采食时间:四季。

葛

别(俗)名:葛根

形态特征:藤本,茎基部木质。有粗厚的块状根。羽状复叶具 3 小叶;小叶三裂,偶尔全缘,顶生小叶宽卵形或斜卵形,侧生小叶斜卵形。总状花序,花冠紫色,旗瓣倒卵形,基部有 2 耳,翼瓣镰状,部有线形、向下的耳,龙骨瓣镰状长圆形,基部有极小、急尖的耳。荚果长椭圆形,扁平。花期 9~10 月,果期 11~12 月。

分布(生境):在中国除新疆、青海及西藏外,分布几遍全国。生于山地疏或密林中。东南亚至澳大利亚亦有分布。

食用部位(营养成分)及方法:根,煮食或炖肉。葛淀粉含量为 39.26%;膳食纤维含量 34.53%,含 16 种氨基酸,其中 7 种是人体必需氨基酸,总含量达 5.36 克 /100 克;总黄酮含量为 4.80%;矿物质尤其是钙、钾和镁的含量很高(王立梅,2014)。

采食时间:四季。

山芝麻

Helicteres angustifolia L.

锦葵科 Malvaceae

别(俗)名:山油麻

形态特征:小灌木。小枝被灰绿色短柔毛。叶狭矩圆形或条状披针形,基部圆形,下面被灰白色或淡黄色星状茸毛,间或混生纲毛。聚伞花序有2至数朵花;花梗通常有锥尖状的小苞片4枚;萼管状,被星状短柔毛,5裂,裂片三角形;花瓣5片,不等大,淡红色或紫红色,基部有2个耳状附属体;雄蕊10枚,退化雄蕊5枚,线形,甚短;子房5室,每室有胚珠约10个。蒴果卵状矩圆形,顶端急尖,密被星状毛及混生长茸毛;种子小,褐色,有椭圆形小斑点。花期几乎全年。

分布(生境):在中国产自湖南、江西南部、广东、广西中部和南部、云南南部、福建南部和台湾,为南部山地和丘陵地常见的小灌木,常生于草坡上。印度、缅甸、马来西亚、泰国、越南、老挝、柬埔寨、印度尼西亚、菲律宾等地有分布。

食用部位(营养成分)及方法:根可炖食。山芝麻中分离得到木脂素、黄酮、皂苷、萜类、生物碱等,是山芝麻发挥药效的物质基础。现代药理学研究表明山芝麻具有抗肝纤维化、抗病毒、抗炎镇痛、抗肿瘤等作用(植国繁等,2023)。

采食时间:四季。

木薯

别(俗)名:树薯

形态特征:直立灌木。块根圆柱状。叶纸质,轮廓近圆形,掌状深裂几达基部,裂片3~7片,倒披针形至狭椭圆形。圆锥花序顶生或腋生,雄花花萼裂片长卵形,内面被毛;雌花花萼裂片长圆状披针形。蒴果椭圆状。花期9~11月。

分布(生境):原产巴西,中国的福建、广东、广西、贵州、海南、台湾、云南(河口、金平、勐腊、普洱、盈江、沧源、临沧)等地有栽培和逸野。生于海拔120~1300米的湿润疏林和田边路旁。

食用部位(营养成分)及方法:嫩梢,炒食或做汤;块根,切细漂洗半天后食用、做汤或与肉食如各种排骨炖熟后食用。木薯鲜薯块根淀粉含量24%~32%(李永锋等,2007),蛋白质含量0.4%~1.5%(Bradbury et al.,1988),块根干样中维生素含量为277~456毫克/千克,钾含量在0.8%左右,而钙和磷含量分别为0.13%~0.32%(李永锋等,2007);新鲜叶含维生素C 2310~4820毫克/千克,含胡萝卜素82.8~117.8毫克/千克,在鲜薯中纤维素含量一般低于1.5%,叶中纤维素含量为4.0%(王颖等,2019),茎秆干样纤维素含量达到23.3%,块根中约含17%的蔗糖及少量葡萄糖、果糖(Charles et al.,2005),脂肪含量0.1%~0.3%(Montagnac et al.,2009)。茎叶中粗脂肪含量5.07%~6.87%(王定发等,2016)。

采食时间:四季。

树皮

柴桂

Cinnamomum tamala (Bauch.-Ham.) Nees et Eberm

樟科 Lauraceae

别(俗)名:桂皮、三股筋、肉桂、桂皮、辣皮树

形态特征:乔木。叶互生或在幼枝上部者有时近对生,卵圆形、长圆形或披针形,离基三出脉,中脉直贯叶端。圆锥花序腋生及顶生,多花,分枝。花白绿色,花被裂片倒卵状长圆形。花期 4~5 月。

分布(生境):在中国产自云南西部。生于山坡或谷地的常绿阔叶林中或水边,海拔 1180~1930 米。尼泊尔、不丹、印度也有。

食用部位(营养成分)及方法:树皮和树叶用作食用香料。枝叶富含天然植物精油,共有 6 种化学型,其中烯烃类 23 种(占总精油种类 32.4%);醇类 12 种(占 16.9%);脂类与烷烃类各 7 种(占 9.8%),酚类 4 种,醛类 3 种,酮类与有机酸类各 2 种,醚类 1 种(符潮等,2022)。

采食时间:全年。

常绿榆

别(俗)名:滇榆、常绿滇榆

形态特征:常绿乔木。冬芽卵圆形。叶宿存或第二年春季脱落,披针形、卵状披针形或长圆状披针形,稀长椭圆形、长圆形或卵形。花常3~11排成簇状聚伞花序,生于当年生枝或去年生枝的叶腋。翅果常明显偏斜,倒卵形或长圆状倒卵形,稀长圆形或近圆形,基部有明显的子房柄;花被上部杯状,下部管状,花被片裂至杯状花被的近中部。花果期2月下旬至4月初,成熟后不立即脱落,可在树上宿存数月之久。

分布(生境):在中国分布于云南南部至西部。生于海拔500~1500米地带之山坡、溪旁的常绿阔叶林中。老挝、缅甸、印度、不丹也有分布。

食用部位及方法:树皮,基诺族食用。

采食时间:四季。

肉桂

Cinnamomum cassia Presl

樟科 Lauraceae

别(俗)名:桂、玉桂、肉桂、桂枝、桂皮

形态特征:中等大乔木。叶互生或近对生,长椭圆形至近披针形,先端稍急尖,基部急尖,离基三出脉。圆锥花序腋生或近顶生,花白色,花被筒倒锥形,花被裂片卵状长圆形。果椭圆形,成熟时黑紫色,无毛。花期 6~8 月,果期 10~12 月。

分布(生境):为一栽培种,原产中国,现广东、广西、福建、台湾、云南等地的热带及亚热带地区广为栽培,其中尤以广西栽培为多。印度、老挝、越南至印度尼西亚等地也有,但大都为人工栽培。

食用部位(营养成分)及方法:树皮、叶可做烹饪香料。枝、叶、果实、花梗可提制桂油,桂油为合成桂酸等重要香料的原料,用作化妆品原料,亦供巧克力及香烟配料,药用作矫臭剂、祛风剂、刺激性芳香剂等,并有防腐作用。肉桂精油组分中,烯类化合物最多,醛类化合物其次, 醇类化合物第三,其中肉桂醛的相对百分含量为 62.72% ,乙酸桂酯相对百分含量为 11.54% (闫红秀等,2022)。

采食时间:全年。

余甘子

别(俗)名:滇橄榄、余甘果、庵摩勒、米含、望果、木波、油甘子

形态特征:乔木。叶片二列,线状长圆形。多朵雄花和1朵雌花或全为雄花组成腋生的聚伞花序;雄花萼片膜质,黄色,长倒卵形或匙形;雄蕊3;雌花萼片长圆形或匙形,花柱3。蒴果呈核果状,圆球形,外果皮肉质,绿白色或淡黄白色,内果皮硬壳质;种子略带红色。花期4~6月,果期7~9月。

分布(生境):在中国产于江西、福建、台湾、广东、海南、广西、四川、贵州和云南等地,生于海拔200~2300米山地疏林、灌丛、荒地或山沟向阳处。印度、斯里兰卡、中南半岛、印度尼西亚、马来西亚和菲律宾等地有分布,南美有栽培。

食用部位(营养成分)及方法:果实可食用;树皮做汤、配料。余甘子果实干粉中氨基酸种类较齐全,氨基酸含量范围为2.17% ~ 2.84%,必需氨基酸含量为0.56% ~ 0.68%(袁建民等,2021)。

采食时间:果实,7~9月;树皮,四季。

笋

版纳甜龙竹

Dendrocalamus hamiltonii Nees et Arn. ex Munro

禾本科 Poaceae

别(俗)名:甜竹

形态特征:乔木状。秆直立,梢端长而下垂,基部数节环生一圈气根;节间幼时被灰白色呈纵行排列的茸毛;节内和各节下方均具一圈浓密的灰白色至黄褐色的茸毛环;主枝1,甚发达。箨鞘早落性,革质;箨耳缺;箨舌先端具波状高低不齐的齿裂;箨片背面的脉纹与箨鞘之脉纹相连通,腹面贴生以小刺毛。末级小枝具9~12叶。花枝小穗近于无毛,黄褐色,含2~4朵能孕小花;颖1或2片;外稃先端具芒刺状小尖头。

分布(生境):在中国产云南思茅、西双版纳等地。印度、缅甸、尼泊尔、不丹及老挝有分布。

食用部位(营养成分)及方法:笋,可炒食、煮汤、炖肉或做酸笋。笋含有粗纤维、粗脂肪、氨基酸,蛋白质等营养成分。

采食时间:6~9月。

勃氏甜龙竹

别(俗)名:甜龙竹

形态特征:乔木状。秆高 10~15 米,梢端下垂乃至长下垂,在高 2 米以下的各节环列气根;节间幼时被白色茸毛,节内和节下方均具一圈灰白色至棕色茸毛环;主枝 1,甚发达,其余枝条纤细,能向外翻而包围秆节四周;箨鞘早落,革质,红棕色至鲜黄色,背面具白色短柔毛;箨耳小;箨舌上缘深齿裂;箨片外翻或近于直立。叶鞘外面贴生白色小刺毛。花枝呈鞭状,各节丛生假小穗 5~25 枚,小穗卵圆形,紫褐色,先端钝,含 2~4 朵小花。果实呈卵圆形,上部生毛,先端具喙,果皮硬壳质。

分布(生境):在中国产云南南部自东至西,广泛栽培于村旁寨边,海拔 600~2000 米。缅甸、老挝、越南、泰国亦有分布,印度有栽培。

食用部位(营养成分)及方法:笋,鲜食、炒食、煮汤、炖肉或做酸笋。思茅地区笋水分含量最高,达 94%,粗纤维含量最低,为 0.63%,总糖含量最高,为 1.54%,单宁含量最低,为 0.08 毫克 /100 克(裴佳龙,2018)。

采食时间:6~9 月。

车筒竹

Bambusa sinospinosa McClure

禾本科 Poaceae

别(俗)名:大簕竹、水簕竹、车角竹(广东)、刺楠竹(四川)、刺竹

形态特征:秆尾梢略弯;分枝常自秆基部第一、二节上即开始,秆下部的为单枝,向下弯拱,其上的小枝多短缩为硬刺,且相互交织而成密刺丛,秆中上部分枝为3至数枝簇生;箨鞘迟落;箨耳长圆形至倒卵形,常稍外翻,边缘具波曲状或劲直的缝毛;箨片直立或外展,卵形。叶耳不甚发达;卵形至狭卵形,边缘具数条波曲状或劲直的缝毛;叶片线状披针形,假小穗线形至线状披针形,稍压扁,长达4厘米,单生或以数枝簇生于花枝各节。小穗含两性小花6~12朵;外稃卵状长圆形;内稃通常稍长于外稃,鳞被3;子房狭窄,花柱头3分,羽毛状。笋期5~6月,花期8~12月。

分布(生境):分布较广,产中国华南和西南地区,多生于河流两岸和村落附近。

食用部位及方法:笋,腌制或炒食。

采食时间:5~6月。

刺竹子

别(俗)名:方竹

形态特征:乔木状。秆中部以下各节环列一圈刺状气生根;节间圆筒形或近基部数节者略呈四方形;秆环平坦或在有分枝之处稍隆起;箨环初具黄褐色小刺毛,以后渐变无毛;箨鞘纸质或厚纸质,迟落性;箨舌截形;箨耳无;箨片呈锥状,基部与箨鞘顶端相连处几无关节。末级小枝具1~3叶;叶鞘易脱落;叶舌截形;叶片纸质,披针形。花枝常单生于顶端具叶的分枝各节上,基部托以3~4枚向上逐渐增大的苞片,或反复分枝呈圆锥状排列;小穗有颖1或2片,含小花4~6朵;外稃纸质;内稃薄纸质无毛;花药紫色;子房倒卵形,花柱短,近基部分裂为2柱头,羽毛状。颖果倒卵状椭圆形,果皮厚。

分布(生境):在中国产云南彝良、富民;四川(古兰、叙永、长宁、峨眉、乐山、雷波)和贵州(绥阳、沿河),生于海拔1000~2000米处常绿阔叶林下。

食用部位(营养成分)及方法:笋可炒食,做笋干、酸笋和罐头。雷山方竹笋膳食纤维含量11.0毫克/克,蛋白质含量35.4毫克/克,脂肪含量1.4毫克/克,钾含量3.24克/千克和锌9.61毫克/千克;还原糖含量0.04毫克/千克较高,总糖含量0.19毫克/千克(朱潇等,2022)。

采食时间:9月中下旬至10月中下旬。

单穗大节竹

Indosasa singulispicula T. H. Wen

禾本科 Poaceae

形态特征：乔木状。秆环显著隆起成脊，箨环木栓质，微隆起；每节 3 分枝，主枝明显；秆箨迟落；箨耳明显，呈镰刀状；箨片披针形。末级小枝通常具 5 ~ 7 叶；叶鞘边缘具纤毛；叶耳发达；叶片披针形至长椭圆形。花序顶生或侧生；小穗含小花 8 ~ 13 枚；颖片 2，革质，具网脉；鳞被 3，多脉；雄蕊 6；子房卵状，无毛，花柱甚短，柱头 3 裂，羽毛状。笋期 3~4 月，花期 9~11 月。

分布（生境）：中国云南特有的植物，主要分布于勐腊。生于海拔 650 米山地沟谷边。

食用部位及方法：笋，味苦，漂洗后食用。

采食时间：3~4 月。

Dendrocalamus fugongensis J. R. Xue & D. Z. Li

禾本科 Poaceae

福贡龙竹

形态特征：乔木状。地下茎合轴型。秆高可达 20 米，梢端下垂；幼时被白粉，箨鞘早落性，革质，箨耳缺，箨舌边缘具尖锐的锯齿；箨片直立。叶鞘无毛，叶耳小，緣毛易早落；叶片下表面的基部密被黄棕色柔毛，花枝在侧面具沟槽，后者棕褐色。内稃先端渐尖，花药黄色或略带紫色；柱头单一。

分布（生境）：在中国分布于云南西北部维西、福贡等地。生于海拔 1200~1800m 的河谷地区。

食用部位及方法：笋，炒食。

采食时间：春、夏季。

黄麻竹

Bambusa stenoaurita (W. T. Lin) T. H. Wen

禾本科 Poaceae

形态特征：秆直立或近于直立，节间圆筒形；秆环平坦；箨环稍隆起，箨片披针形或卵状披针形，秆的第六、七节以上发枝，枝簇生，主枝稍粗长。叶鞘近于无毛；叶耳小，鞘口繸毛不发达；叶舌极短，顶端微拱起，边缘有细齿裂；叶片带状披针形或为较长的长圆状披针形。假小穗单生或簇生于花枝各节，卵状披针形，苞片腋内均有芽；小穗含小花；外稃广卵形，内稃与其外稃为等长，卵状披针形，子房倒卵形或卵球形，均作羽毛状。笋期 7~9 月，有时延至 10 月。

分布（生境）：在中国分布于广东怀集及绥江流域各地，云南有引种。

食用部位及方法：笋，腌制或炒食。

采食时间：7~9 月。

黄竹

Dendrocalamus membranaceus Munro

禾本科 Poaceae

形态特征：乔木状。秆高 8~15 米，直径 7~10 厘米，基部第一至第三节环列气根；节间幼时被白粉；秆环平；箨环强隆起；主枝 3 枝，其余枝条较细；箨鞘厚纸质至革质，通常较其所在的节间为长，背面有白粉及易落的黑褐色小刺毛。花枝有大型呈圆锥花序状的分枝，无毛，或上部常具白粉，节上密集丛生多枚假小穗，形成球形的簇团。果实广卵形，基部圆，一侧具沟槽或微扁，先端具长喙，胚明显。

分布（生境）：在中国产云南东南部至西南部。生于海拔 1000 米以下的低山与河谷地区。缅甸、越南、老挝和泰国有分布。原产缅甸。

食用部位及方法：笋可炒食，做笋干、酸笋和罐头。

采食时间：一般 2~4 月。

灰金竹

Phyllostachys nigra var. *henonis* (Mitford)Stapf ex Rendle in Journ. Linn. Soc. Bot.

禾本科 Poaceae

别(俗)名：金竹、毛金竹

形态特征：乔木状。秆高 7~18 米，箨环有毛，秆壁厚约 5 毫米；秆环与箨环均隆起，且秆环高于箨环或两环等高；箨鞘顶端极少有深褐色微小斑点；箨耳长圆形至镰形；箨舌拱形至尖拱形，紫色，边缘生有长纤毛；箨片三角形至三角状披针形，舟状，直立或以后稍开展，微皱曲或波状。末级小枝具 2 或 3 叶；叶舌稍伸出；叶片质薄，长 7~10 厘米，宽约 1.2 厘米。花枝呈短穗状；佛焰苞 4~6 片，每片佛焰苞腋内有 1~3 枚假小穗；小穗披针形，长 1.5~2 厘米，具 2 或 3 朵小花，小穗轴具柔毛；颖 1~3 片，偶可无颖，背面上部多少具柔毛；外稃密生柔毛，长 1.2~1.5 厘米；内稃短于外稃；花药长约 8 毫米；柱头 3，羽毛状。笋期 4 月下旬。

分布(生境)：在中国产云南大部，及黄河流域以南。生于海拔 1000~2000 米地带。

食用部位及方法：笋供食用。

采食时间：4 月下旬。

Chimonobambusa utilis (Keng) Keng f.

禾本科 Poaceae

金佛山方竹

别(俗)名:方竹

形态特征:乔木状,秆中下部各节均具刺状气生根,最多可达 30 条环列成一周;箨环残留有箨鞘基部(成为褐黑色茸毛环);秆环平坦乃至甚隆起,秆每节分三枝;箨鞘脱落性;箨耳缺;箨舌低矮,略呈拱形;箨片三角锥状。末级小枝具 1~3 叶;叶鞘鞘口繸毛稀少或不存在;叶舌低矮,先端截形或拱形;叶片披针形。花枝常着生于顶端具叶的分枝之各节,小穗含 4~7 朵小花;颖 1~3 片;外稃卵状三角形;果呈坚果状,椭圆形,长 1~1.5 厘米,直径 6~8 毫米,新鲜时绿色,干燥后呈铅色,浸泡酒精中保存则转变为红褐色。花期 4 月。

分布(生境):中国西南地区特有竹种,分布在四川、贵州和云南三省。在海拔 1000~2100 米处可形成纯林。

食用部位(营养成分)及方法:在 100 克鲜重的方竹笋中,水分 91.99 克,蛋白质 3.20 克,脂肪 0.34 克,总糖 0.89 克,可溶糖 0.53 克,热量 7.82 千克,粗纤维 0.68 克,磷 76 毫克,铁 0.6 毫克,钙 18.4 毫克(冯洪宇等,2006);笋供食用,可制笋干或加工成罐头。

采食时间:8 月下旬至 11 月上旬。

空心箭竹

Fargesia edulis Hsueh et Yi

禾本科 Poaceae

别(俗)名:空心竹、黄竹、灰竹

形态特征:灌木状。秆高 5~8 米;箨环隆起,秆环平坦或微隆起;秆芽长卵形或偶为半圆形,秆每节分 4~7 枝;笋紫色,密被棕色长刺毛;箨鞘迟落;箨耳无;箨舌截平乃至下凹;箨片披针形至线状披针形。叶耳存在;叶舌截形;叶片披针形,叶缘具小锯齿。总状花序顶生,小穗含 3~4 朵小花;颖纸质;外稃狭披针形;鳞被披针形,长约 2 毫米,上部边缘具纤毛;花药长 7~9 毫米;子房椭圆形,顶端膨大,黄褐色,无毛,长约 1 毫米,花柱 2,柱头线形。果实未见。笋期 7 月,花期 5 月。

分布(生境):在中国产云南西部贡山。生于海拔 1900~2800 米的阔叶林下。

食用部位及方法:笋,炒食。

采食时间:7 月。

Arundinaria amarus Keng

禾本科 Poaceae

苦竹

别(俗)名:小苦竹

形态特征:灌木状。秆高3~5米;节间圆筒形;秆环隆起,高于箨环;幼秆的箨环具一圈发达的棕紫褐色刺毛;秆每节具5~7枝;箨鞘上部边缘橙黄色至焦枯色,背部无毛或具棕红色或白色微细刺毛,基部密生棕色刺毛,边缘密生金黄色纤毛;箨舌截形,边缘具短纤毛;箨片狭长披针形,边缘具锯齿。末级小枝具3或4叶;叶片椭圆状披针形。总状花序或圆锥花序,具3~6小穗,小穗含8~13朵小花,绿色或绿黄色;外稃卵状披针形;内稃先端通常不分裂,被纤毛。笋期6月,花期4~5月。

分布(生境):在中国产云南(昆明、玉溪等)、江苏、安徽、浙江、福建、湖南、湖北、四川、贵州等地。

食用部位及方法:笋,做酸笋。

采食时间:6月。

龙竹

Dendrocalamus giganteus Munro

禾本科 Poaceae

别(俗)名:大麻竹

形态特征:乔木状。秆高 20~30 米,梢端下垂或长下垂,节不隆起;秆分枝高,每节分多枝,主枝不发达;秆箨早落;箨鞘大形,全缘,背面贴生暗褐色刺毛;箨耳与下延箨片基部相连;箨舌显著,边缘有短齿状裂刻;箨片外翻,卵状披针形。末级小枝具 5~15 叶;叶片长圆状披针形。花大型圆锥状,各节有 4~12 (~25) 枚假小穗簇生;小穗共含 5~8 朵小花,最上方一小花不孕;颖 2 片。果实长圆形,先端钝圆,并具毛茸,略呈羽毛状。

分布(生境):中国云南东南至西南部各地均有分布,台湾也有栽培。国外在亚洲热带和亚热带各国都有栽培。

食用部位及方法:笋味苦,不宜蔬食,但加工漂洗和蒸煮后能制作笋丝和笋干。

采食时间:6~8 月。

Dendrocalamus latiflorus Munro

禾本科 Poaceae

别(俗)名:南竹、龙竹

形态特征:乔木状。秆高20~25米,梢端长下垂或弧形弯曲;节间长45~60厘米,节内具一圈棕色茸毛环;秆分枝高,每节分多枝,主枝常单一;箨鞘易早落,宽圆铲形;箨耳小;箨舌边缘微齿裂;箨片外翻,卵形至披针形,腹面被淡棕色小刺毛。末级小枝具7~13叶,叶片长椭圆状披针形。叶耳无;叶舌边缘微齿裂;花枝大型,小穗卵形,含6~8朵小花;颖2片至数片,广卵形至广椭圆形;外稃黄绿色;内稃长圆状披针形。果实为囊果状,卵球形。

分布(生境):在中国产自福建、台湾、广东、香港、广西、海南、四川、贵州、云南,在浙江南部和江西南部亦见少量栽培。越南、缅甸有分布。模式标本采自中国台湾和香港。

食用部位(营养成分)及方法:笋可炒食,做笋干和罐头。麻竹笋营养丰富,含有蛋白质、脂肪、糖类、维生素C、钙、磷、铁等成分。

采食时间:5~11月。

马来甜龙竹

Dendrocalamus aspera (J. A. et J. H. Schult.) Backer ex Heyhe

禾本科 Poaceae

别(俗)名:甜龙竹

形态特征:乔木状。秆基部数节常环列气根;节间幼时贴生淡棕色小刺毛,并薄被白粉;秆环不隆起;节内和节下方均环生一圈淡棕色茸毛;分枝习性高,主枝显著;箨鞘早落,革质,新鲜时为淡绿色,背面贴生灰白色至棕色小刺毛,干燥后纵肋显著隆起,先端圆拱形,箨耳窄长形,波状皱褶;箨舌突起;箨片披针形,常外翻。末级小枝具 7~13 叶;叶耳微小,鞘口縫毛数条;叶舌截形;叶片大小有变化,披针形乃至长圆状披针形,下表面被柔毛,次脉 7~11 对。花枝无叶,小穗体扁;内稃约与外稃等长;花药长 3~5 毫米,无毛;子房及花柱均被细毛,柱头 1,羽毛状。

分布(生境):中国香港、台湾及云南均有栽培。菲律宾、马来西亚、印度尼西亚(爪哇)、泰国、老挝、缅甸等均有分布和广泛栽培。原产地在菲律宾,亦可能是印度尼西亚或马来半岛。

食用部位及方法:笋,可炒食,煮汤,炖肉或做酸笋。

采食时间:春、夏季。

Gigantochloa levis (Blanco) Merr.

禾本科 Poaceae

毛笋竹

形态特征：秆高 12~15 米，径 8~13 厘米，节间长 25~45 厘米，幼时密被棕色至白色茸毛，老后变灰白色。秆箨早落，厚革质，密被棕褐色刺毛；箨耳长圆形，近等大，边缘具屈曲的棕色繸毛；箨舌发达，高 6~15 毫米，先端深裂为流苏状；箨叶卵状三角形，开展或外翻，基部收缩，宽约为鞘顶的 1/2。分枝多数簇生，主枝不明显。叶片长 15~25 厘米，宽 1.8~3 厘米。笋期 8~9 月。

分布（生境）：在中国产西双版纳，生于海拔 500~1000 米的低山中下部及沟谷地带，台湾有栽培。菲律宾、马来西亚也有。

食用部位及方法：笋，鲜食或腌制酸笋、加工笋干等。

采食时间：8~9 月。

毛竹

Phyllostachys heterocycla (Carr.) Mitford ‹Pubescens›

禾本科 Poaceae

别(俗)名:楠竹

形态特征:乔木状。秆高达 20 余米,箨环有毛,老秆无毛;秆环不明显;箨鞘具黑褐色斑点及密生棕色刺毛;箨耳微小,繸毛发达;箨舌宽短,强隆起乃至为尖拱形;箨片长三角形至披针形,有波状弯曲。末级小枝具 2~4 叶;叶耳不明显,鞘口繸毛存在而为脱落性;叶舌隆起;叶片披针形。花枝穗状;佛焰苞通常在 10 片以上,每片孕性佛焰苞内具 1~3 枚假小穗;小穗仅有 1 朵小花;颖 1 片;柱头 3,羽毛状。颖果长椭圆形,长 4.5~6 毫米,直径 1.5~1.8 毫米,顶端有宿存的花柱基部。笋期 4 月,花期 5~8 月。

分布(生境):在中国产自云南彝良、威信、昭通,昆明有栽培;生于海拔 1400~1900 米地带;分布自秦岭、汉水流域至长江流域以南和台湾,黄河流域也有多处栽培。

食用部位(营养成分)及方法:笋,炒、炖食用;笋含有丰富的蛋白质、氨基酸、脂肪、糖类、钙 、磷 、铁 、胡萝卜素、维生素,多种维生素和胡萝卜素;蛋白质中含有人体必需的赖氨酸、色氨酸、苏氨酸、苯丙氨酸,以及谷氨酸、胱氨酸,都有一定的含量。

采食时间:4 月。

Qiongzhuea tumidinoda J. R. Xue & T. P. Yi ex Ohrnb.

禾本科 Poaceae

筇竹

别(俗)名:罗汉竹

形态特征:秆基部通常有 5 节位于地表以下,各具环列之根 12 条;秆下部不分枝的节间常具 1 极狭沟槽,沟槽均位于秆之同一侧面,各节间则在有分枝一侧变扁平,秆基部数节间几为实心,往上中空;秆环极为隆起而呈二圆盘上下相扣合;箨环因有箨鞘基部之残留物而略呈木质环状;秆每节通常具 3 枝。小枝具 2~4 叶;叶鞘圆筒形;叶片狭披针形。花枝可反复分枝,小穗含 3~8 朵小花。果实坚果状,倒卵状长椭圆形或广椭圆形,新鲜时呈墨绿色。笋期 4 月,花期 4 月,果期 5 月。

分布(生境):在中国分布于四川宜宾地区和云南昭通地区,即云贵高原东北缘向四川盆地过渡的亚高山地带。

食用部位(营养成分)及方法:笋,可炒食,做笋干、酸笋和罐头。笋干样平均含蛋白质 348.3 毫克 / 克,氨基酸总量 349.93 毫克 / 克,粗脂肪 115 毫克 / 克,可溶性总糖 29.8 毫克 / 克,磷 68.2 毫克 / 克,铁 0.07 毫克 /11 克,钙 0.54 毫克 / 克,镁 1.63 毫克 / 克,锌 134.80 毫克 / 千克,硒 0.50 毫克 / 千克(袁金玲等,2008)。

采食时间:4 月。

Schizostachyum pseudolima McClure

禾本科 Poaceae

别(俗)名:薄竹

形态特征:乔木状。秆高达 10 米,尾梢长下垂或作攀缘状;节间直,极延长,秆环平;箨环突起;分枝多数;箨鞘迟落,顶端截平;箨耳不明显;箨舌低矮截平;箨片外翻,长度常超过箨鞘的一半或 2/3。小枝具 6~8 叶;叶鞘多少具硅质,有纵肋或近于平滑;叶耳不明显;叶片长圆状披针形或线状披针形,叶缘具小锯齿。假小穗着生于具叶或无叶花枝之各节,纺锤形。笋期 7~8 月。

分布(生境):在中国分布于云南德宏、临沧、西双版纳地区和金平、河口、屏边、文山等地,广东、广西等地也有分布。越南北部也有。生于海拔 800 米以下湿热的沟谷地带。

食用部位及方法:笋,宜鲜食,亦可做成罐头、笋干等。

采食时间:7~8 月。

小叶龙竹

Dendrocalamus barbatus Hsueh et D. Z. Li

禾本科 Poaceae

别(俗)名:埋桑(傣语)

形态特征:秆梢端弯或微下垂,基部数节环生气根;秆每节分多枝,主枝3条,其中1条明显较粗壮;箨鞘早落性,革质;箨耳与箨片基部之外延部分相连;箨舌先端具不整齐的齿裂;箨片外翻。末级小枝具8~15叶。花枝每节着生10~25枚假小穗;小穗倒卵形,含小花2朵;颖2或3片。果实未见。花期6~10月。

分布(生境):中国云南东南至西南海拔360~1100米有分布,但均是栽培。

食用部位及方法:笋,腌制或炒食。

采食时间:7~9月。

野龙竹

Dendrocalamus semiscandens Hsueh et D. Z. Li

禾本科 Poaceae

别(俗)名:野竹、山黄竹

形态特征:秆直立,高(7)10~18 米,节内与节下方均有一圈白色厚密茸毛环;秆每节分多枝,主枝 1(或有时无),可发达至与秆近同粗,而使秆呈半攀缘状;箨鞘早落性;箨耳无;箨片直立,基部与箨鞘口部近同宽,背面纵脉与箨鞘的肋纹相连通。叶鞘被贴生的白色小刺毛;无叶耳。花枝的每节着生 30~40 枚假小穗,小穗含 4 或 5 朵小花;颖 1~3 片;外稃纸质,具多脉;内稃具 2 或 3 脉;花药黄色,或先端呈紫色,具尖头;花柱亦为紫色;柱头单一,具帚刷状微毛。果实金黄色,下半部无毛,上端及喙状物均具白色短绢毛,喙长 1.5 毫米。花期 9 月。

分布(生境):在中国产云南南部至西南部。自然分布在海拔 500~1000 米地带。

食用部位及方法:笋,炒食、煮食,做笋干。

采食时间:夏季。

玉龙山箭竹

形态特征：灌木状。箨环隆起；秆环平坦或在分枝节上微隆起；秆芽长卵形。笋新鲜时淡紫色或紫绿色；箨耳无；箨舌截形或微凹；箨片线状披针形。小枝具(2~3~5)叶；叶耳及鞘口繸毛俱缺；叶舌发达，作圆拱形突出；叶片狭披针形，长5~8厘米，宽4~9毫米，基部广楔形，两面均无毛，次脉(2~3~4)对，小横脉清晰，叶缘具细锯齿。花枝未见。笋期6~7月。

分布（生境）：在中国产云南西北部。海拔3050~4200米，成片生于丽江云杉林下。

食用部位及方法：笋，炒食用。

采食时间：6~7月。

参考文献

蔡卫东, 刘少轩, 韦蓉静, 等, 2018. 都匀野生扁核木油营养成分分析 [J]. 绿色科技 (13): 6-8.
曹俊涛, 刘华钢, 梁蓓蓓, 2007. 仙人掌的化学营养成分和药理研究进展 [J]. 广西科学院学报 (02): 117-119.
曹利民, 龙春林, 徐华, 2013. 野生植物粗叶榕根的营养成分分析 [J]. 食品研究与开发, 34(20): 65-67.
曾为林, 尹加笔, 高苹, 等, 2017. 梁河县滇皂荚的皂角米营养成分分析 [J]. 西南林业大学学报 (自然科学), 37(05): 203-207.
曾心美, 王希, 石小庆, 等, 2022. 17 个品种木芙蓉花的矿质元素分析评价及健康风险评估 [J]. 食品工业科技, 43(22): 280-286.
曾英, 程必强 ,1991. 细毛樟实生苗同工酶的初步研究 [J]. 林业科学研究 ,4(5): 570-573.
陈柏林, 邹敏敏, 苏二正, 等, 2020. 银杏果食药物质基础及其加工利用现状 [J]. 生物加工过程, 18(06): 758-765,774.
陈斌, 2012. 桄榔淀粉纯化工艺及理化特性研究 [D]. 福州：福建农林大学 .
陈存武, 张莉, 何晓梅, 等, 2010. 盐肤木果实常规营养成分分析 [J]. 畜牧与饲料科学, 31(04): 2-5.
陈涵贞, 苏德森, 李文福, 2008. 乌饭树叶和乌饭营养成分的分析与评 价 [J]. 福建农业学报, 23(4): 392-395.
陈俊锟, 2022. 毛叶猪腰豆的化学成分研究 [D]. 长沙：中南林业科技大学 .
陈漫霞, 颜戊利, 2004. 木瓜中微量元素含量分析 [J]. 广东微量元素科学, 11(11): 54- 56.
陈秋生, 2017. 白刺花营养价值和酚类物质动态分析及生产利用 [D]. 贵阳：贵州大学 .
陈新涛, 吕光辉, 陈黎, 2018. 大白杜鹃中萜类化学成分研究 [J]. 中国现代药, 20(11): 1347-1350.
程必强, 马信祥, 许勇, 等, 1997. 细毛芳樟香气鉴别及后代的特性 [J]. 香料香精化妆品 (3): 7-9.
程必强, 许勇, 喻学俭, 等, 1991. 细毛樟繁殖后代叶油化学成分的变化 [J]. 云南植物研究 ,13(2): 219-224.
程必强, 许勇, 喻学俭, 等, 1993. 新香料植物细毛樟的研究 [J]. 林产化学与工业 (1): 57-63.
崔一凡, 陈香兰, 张旭, 等, 2022. 辣木叶成分及其活性研究进展 [J]. 沈阳药科大学学报, 39(09): 1142-1150.
戴陆园，刘旭，黄兴奇，2013. 云南特有少数民族的农业生物资源及其传统文化知识 [M]. 北京：科学出版社 .
董豆豆, 2019. 民族药酸叶胶藤的化学成分研究 [D]. 上海：上海中医药大学 .
冯洪宇, 李淼, 马义华, 2006. 金佛山方竹笋的采收加工技术 [J]. 世界竹藤通讯 (03): 27-28.
符潮, 袁佛根, 刘倩, 等, 2022. 麻栗坡柴桂种群调查及叶精油分析研究 [J]. 南方林业科学, 50(5): 36-39.
何宇铭, 黄婉凤, 陈明, 等, 2022. 山鸡椒的化学成分、药理活性及临床应用研究进展 [J]. 中草药, 53(17): 5565-5581.
胡耶芳, 李晓, 刘子祯, 等, 2020. 滇白珠的化学成分、药理活性及质量控制研究进展 [J]. 中成药, 42(01): 162-168.
黄兴奇， 2008. 云南作物种质资源 (果树、油料、小宗作物、蔬菜篇)[M]. 昆明：云南科技出版社 .
贾亚萍, 陈玲, 张瑾, 等, 2022. 白玉兰花的代谢物成分及药用价值解析 [J]. 植物生理学报, 58(10): 1995-2005.
姜睿, 张北红, 彭艺, 等, 2021. 濒危树种细毛樟研究进展 [J]. 安徽农学通报, 27(16): 80-82,114.
孔芳芳，汪灏，李玉梅，2025. 火龙果花营养价值及冷冻保鲜技术研究报告 [J]. 现代食品 (04):82-84.
李春龙, 詹慕蓉, 高华, 等, 2022. 紫藤化学成分和药理活性研究进展 [J]. 科学技术与工程, 22(21): 9005-9016.
李精华, 1997. 虎刺楤木中氨基酸及微量元素的测定 [J]. 药学实践杂志 (01): 30-31.
李莲芳，孟梦，温琼文，等， 2005. 云南热区的 5 种木本森林蔬菜及其培育技术 [J]. 西部林业科学 (01):9-14.
李佩洪, 陈政, 龚霞, 等, 2017. 竹叶花椒嫩芽营养成分研究 [J]. 四川农业科技 (12): 32-34.

李冉 , 田介峰 , 罗学军 , 等 , 2022. 合欢花的化学成分及其药理作用的研究进展 [J]. 天津药学 , 34(02): 66-71.
李硕 , 2015. 冻绿果实主要成分测定与各器官抗炎镇痛活性研究 [D]. 吉首：吉首大学 .
李卫芬，林立飞，秦荣，等， 2010. 云南民族特用蔬菜资源文化调查 [J]. 西南农业学报，23(3):976-980.
李永锋 , 赵光龙 , 张志强 , 等 , 2007. 国内木薯淀粉化学改性的研究进展 [J]. 热带农业科学 , 27(5) : 64-67.
李永锋 , 赵光龙 , 张志强 , 等 , 2007. 国内木薯淀粉化学改性的研究进展 [J]. 热带农业科学 , 27(5) : 64-67,72.
李泽鸿 , 邓林 , 刘树英 , 等 , 2008. 玫瑰茄中营养元素的分析研究 [J]. 中国野生植物资源 (01): 61-62.
历明辉 , 陈新涛 , 吕光辉 , 等 , 2019. 大白杜鹃的化学成分研究 [J]. 中国现代中药 , 21(08): 1021-1024.
梁柏照 , 何英姿 , 2016. 斑果藤叶化学成分的初步研究［C］// 中国化学会第 30 届学术年会摘要集 (第九分会 : 有机化学):118.
林开文 , 苏光荣 , 郭永杰 , 等 , 2009. 锡金龙竹竹笋的营养成分分析与评价 [J]. 西部林业科学 , 38(01): 48-54.
刘春泉 , 李大婧 , 牛丽影 , 等 , 2014. 香椽开发利用研究进展 [J]. 江苏农业科学 , 42(07): 1-5.
刘广平 , 孙吉红 , 1998. 刺楸营养成分分析 [J]. 东北林业大学学报 (03): 66-68.
刘劲 , 2021. 浅析山西黄连木价值研究与发展建议 [J]. 山西农经 (01): 95-96.
刘娟 , 连爽 , 刘毅 , 等 , 2020. 棣棠花化学成分及药理作用分析 [J]. 科技视界 (07): 162-164.
刘晓辉 , 杨明 , 杨悦林 , 等 , 2010. 木棉与唐菖蒲花瓣营养成分变化研究 [J]. 安徽农业科学 , 38(29): 16149-16150.
刘旭，游承俐，戴陆园， 2014. 云南及周边地区少数民族传统文化与农业生物资源 [M]. 北京：科学出版社 .
刘旭，郑殿升，黄兴奇， 2013. 云南及周边地区农业生物资源调查 [M]. 北京：科学出版社 .
刘怡涛，龙春林， 2007. 拉枯族食用花卉的民族植物学研究 [J]. 广西植物，27(2):203-210.
刘怡涛，龙春林， 2001. 云南各民族食用花卉的初步研究 [J]. 云南植物研究，23(4):41-56.
刘怡涛，龙春林， 2002. 云南各民族食用花卉中的人文因素 [J]. 自然杂志，23(5):292-299.
刘胤璇， 2016. 滇南地区 13 种野生蔬菜营养价值及食品安全评估 [D]. 昆明：云南大学 .
刘应煊 , 余爱农 , 2007. 木香花挥发油的化学成分分析 [J]. 精细化工 (08): 782-785.
隆卫革 , 黎素平 , 安家成 , 等 , 2017. 森林蔬菜赤苍藤营养分析与评价 [J]. 食品研究与开发 , 38(24): 124-127.
路朝 , 徐荣艳 , 胡永红 , 等 , 2021. 缫丝花的营养、保健和药用价值研究进展 [J]. 植物生理学报 , 57(07): 1393-1400.
罗凡 , 费学谦 , 车运舒 , 等 , 2015. 香叶树挥发油、油脂等主要成分分析 [J]. 林业科学研究 , 28(2): 284-288.
罗时琴 , 唐金刚 , 周传艳 , 等 , 2014. 贵州香椿芽的主要营养成分含量与重金属安全性 [J]. 贵州农业科学 , 42(09): 62-64，67.
莫青胡 , 2020. 桃金娘抗菌及降糖活性成分的研究与开发 [D]. 桂林：桂林医学院 .
宁忻 , 董海燕 , 胡文敏 , 等 , 2019. 八街玫瑰营养成分分析评价 [J]. 食品安全质量检测学报 ,10(22): 7522-7525.
裴佳龙 , 李鹏程 , 王茜 , 等 , 2018. 云南不同地理种源勃氏甜龙竹竹笋营养成分比较 [J]. 西北林学院学报 , 33(01): 156-161.
裴盛基，淮虎银， 2007. 民族植物学 [M]. 上海：上海科学技术出版社 .
裴盛基，龙春林， 1998. 应用民族植物学 [M]. 昆明：云南民族出版社 .
彭宇婧 , 吕若岚 , 李育军 , 等 , 2021. 木豆加工与综合利用现状、展望及产业发展建议 [J]. 长江蔬菜 (20): 37-40.
钱爱萍 , 2012. 杨桃的氨基酸组成及其营养价值评价 [J]. 中国食物与营养 ,18(04): 75-78.
邵桦，薛达元， 2017. 云南佤族传统文化对蔬菜种质多样性的影响 [J]. 生物多样性，25(1):46-52.

邵金良，袁唯，董文明，等，2005. 皂荚的功能成分及其综合利用 [J]. 中国食物与营养 (04): 23-25.
孙启忠，赵淑芬，韩建国，等，2007. 尖叶胡枝子营养成分研究 [J]. 草地学报 (04): 335-338,343.
孙志武，王猛，李宁，等，2014. 青荚叶营养成分评价分析 [J]. 食品科技，39(10): 96-100.
陶亮，王红燕，赵存朝，等，2016. 云南野生翅果藤营养活性成分分析 [J]. 食品科学，37(08): 142-146.
王达明，陈伟，2023. 蕴藏在森林里的绿色食品 [M]. 昆明：云南科技出版社 .
王定发，陈松笔，周汉林，等，2016.5 种木薯茎叶营养成分比较 [J]. 养殖与饲料 (6) : 48-50.
王洁如，龙春林，2005. 基诺族传统食用植物的民族植物学研究 [J]. 云南植物研究，17(2):161-168.
王立梅，2014. 安化产野葛营养成分分析及产品研制 [D]. 长沙：中南林业科技大学 .
王林，章敏，胡秋辉，2006. 刺槐花营养功能成分及其开发利用 [J]. 食品科学 (02): 274-276.
王萍，梁娇，李述刚，2017. 不同产地石榴营养成分差异研究 [J]. 食品工业 ,38(4): 297-301.
王琴，蒋林，温其标，2005. 八角茴香的研究进展 [J]. 中国调味品 (5):18-22.
王翔，胡凤杨，杨秋玲，等，2019. 杜仲叶的营养评价及体外抗氧化活性分析 [J]. 食品工业科技，40(21):290-299.
王亚凤，梁蒙，谢桃结，等，2022. 洋紫荆花营养成分及其急性毒性分析 [J]. 广西科学院学报，38(01): 69-75.
王颖，张雅媛，尚小红，等，2019. 食用木薯的营养价值及其保健功效研究进展 [J]. 安徽农业科学，47(11): 22-24.
王勇生，唐楚，王明宇，等，2021. 构树提取物的营养生理功能及构树营养价值研究进展 [J]. 饲料工业，42(12): 31-37.
王子青，2019. 野生树头菜的食用保健功能及人工栽培技术 [J]. 中国果菜，39(9): 81-83.
魏常锦，2013. 玫瑰茄的营养保健功能及开发利用 [J]. 北京农业 (33): 239-240.
温鸣章，任维俭，伍岳宗，等，1990. 少官桂精油化学成分研究 [J]. 天然产物研究与开发，2(3): 54-58..
吴素莹，杨帆，王义梅，等，2021. 不同成熟期木蝴蝶果实氨基酸及矿质元素含量研究 [J]. 黑龙江农业科学 (08): 69-73.
吴文珊，林玮，林原，等，2008. 爱玉子瘦果的营养成分研究 [J]. 福建师范大学学报 (自然科学版) (06): 84-88.
吴霞，李寿湖，李宏春，等，2017. 大白花杜鹃中多糖的提取工艺及抗氧化性研究 [J]. 农业技术与装备 (02): 33-36，38.
伍晓玲，项昭保，2017. 橄榄营养成分和生物活性物质研究进展 [J]. 食品工业 ,38(24): 346-352.
肖肖，王小平，黎云祥，等，2015. 药食两用白簕的成分鉴定和栽培技术研究进展 [J]. 安徽农业科学 ,43(27): 79-81.
谢雨，张建博，黄莺，等，2016. 浅谈云南白族食花习俗 [J]. 云南中医中药杂志，37(1):76-78.
谢真真，王雨微，任兆惠，等，2019. 蒲葵子化学成分及药理活性的研究进展 [J]. 沈阳药科大学学报 ,36(03): 267-274.
忻晓庭，刘大群，章检明，等，2022. 漂烫与干燥方式方式对豆腐柴叶干粉营养组分及豆腐适制性的影响 [J]. 浙江农业学报，34(08): 1743-1751.
许泳吉，汤志方，袁瑾，等，2005. 野生植物三椏苦的营养成分 [J]. 光谱实验室 (02): 354-355.
许又凯，刘宏茂，2002. 中国云南热带野生蔬菜 [M]. 北京 : 科学出版社 .
闫红秀，刘香萍，任乃芃，等，2022. 肉桂精油及其主要组分对饲料中常见真菌的抑菌活性的研究 [J]. 饲料工业 ,43(17): 47-53.
杨敏杰，骆世洪，黎胜红，2015. 新樟茎的化学成分研究 [J]. 中草药，46(6): 791-797.
杨少宗，陈家龙，柳新红，等，2018. 不同品系食用木槿花瓣营养、功能成分组成及营养价值评价 [J]. 食品科学，39(22): 213-219.
杨秀莲，王良桂，文爱林，2012. 桂花花瓣营养成分分析 [J]. 江苏农业科学 ,40(12): 334-336.
杨奕，马继琼，陈伟，等，2017. 云南菜食花植物资源与食花文化调查 [J]. 植物遗传资源学报，18 (06):1125-1136.

叶春苗，2018. 普洱茶在毛豆腐加工中的应用研究 [J]. 农业科技与装备 (02): 62-63.
尹明松，潘飞兵，郭建行，等，2021. 槟榔化学成分及生物活性研究进展 [J]. 食品研究与开发，42(15): 219-224.
喻学俭，程必强，1987. 细毛樟精油的化学成分研究 [J]. 植物学报，29(5): 537-540.
袁建民，杨晓琼，许智萍，等，2021. 云南干热河谷区余甘子果实氨基酸组成及营养价值评价 [J]. 江西农业学报，33(10): 29-37.
袁金玲，熊登高，胡炳堂，等，2008. 珍稀保护竹种筇竹笋营养成分的研究 [J]. 林业科学研究，21(06): 773-777.
袁瑾，钟惠民，刘国清，等，1998. 野生植物滇刺枣的营养成分 [J]. 植物资源与环境 (02): 64-65.
张福平，2002. 火龙果的营养保健功效及开发利用 [J]. 食品研究与开发 (03): 49-50.
张慧萍，刘燕，黄帅文，等，2007. 傣药腊肠树果实中氨基酸和无机元素分析 [J]. 时珍国医国药 (05): 1144-1145.
张丽梅，张朝坤，陈洪彬，等，2019. 番石榴种质资源果实性状的聚类分析 [J]. 中国南方果树，48(06): 53-58.
张孟琴，徐路，孙亚真，等，2021, 月季花瓣营养成分评价及主成分和聚类分析 [J]. 食品与发酵工业，47(02): 274-278.
张鹏，骆琴，唐森，等，2020. pH 示差法测定红花羊蹄甲花瓣花色苷的含量 [J]. 食品工业，41(06): 303-306.
张烨，张丹，2014. 大白花杜鹃总黄酮提取工艺的优化 [J]. 南方农业学报，45(11): 2026-2030.
章小丽，许泳吉，袁瑾，等，2003. 野生植物野牡丹营养成分分析 [J]. 氨基酸和生物资源 (04): 26-27.
赵芳惠，侯小涛，郝二伟，等，2020. 木鳖子化学成分、毒理与药理作用研究进展 [J]. 中国实验方剂学杂志，26(03): 222-235.
赵河，成飞，秦优，等，2022. 臭牡丹化学成分及药理作用的研究进展 [J]. 南京中医药大学学报，38(04): 361-374.
赵增昆， 2024. 云南年鉴 2024[M] 昆明：云南年鉴社 .
郑殿升，李锡香，陈善春，等， 2013. 云南及周边地区野菜和野果资源 [J]. 植物遗传资源学报，14(6):985-990.
植国繁，黄雷，蓝晓步，2023. 山芝麻药理活性研究进展 [J]. 广东化工，50 (20): 72-73,82.
中国科学院昆明植物研究所，1997—2006. 云南植物志 [M]. 北京：科学出版社 .
朱昌叁，梁文汇，赵志珩，等，2018. 森林蔬菜鳞尾木营养分析与评价 [J]. 食品工业，39 (09): 313-317.
朱潇，刘艳江，伍明理，等，2022, 雷山方竹笋营养成分对比分析 [J]. 经济林研究，40 (03): 273-280.
朱兆云，2004. 云南天然药物图鉴：第一卷 [M]. 昆明：云南科技出版社 .
AZARKAN M,EL MOUSSAOUI A,VAN WUYTSWINKEL D,et al, 2003. Fractionation and purification of the enzymes stored in the latex of *Carica papaya*[J]. J Chromatogr B Analyt Technol Biomed Life Sci,790 (1-2): 229- 238.
BRADBURY J H, HOLLOWAY W D,1988. Chemistry of tropical root crops: Significance for nutrition and agriculture in the Pacific[M]. Canberra: Australian Centre for International Research.
CHARLES A L, SRIROTH K, HUANG T C, 2005. Proximate composition, mineral contents, hydrogen cyanide and phytic acid of 5 cassava genotypes[J]. Food chemistry, 92(4) : 615-620.
MA J,DEY M,YANG HUI, 2007, Anti-inflammatory and immunosuppressive compounds from *Tripterygium wilfordiiy*[J]. Phytochemisty,68: 1172-1178.
MONTAGANC J A, DAVIS C R, TANUMIHARDJO S A, 2009. Nutritional value of cassava for use as a staple food and recent advances for improvement[J]. Comprehensive reviews in food science and food safety,8(3) : 181-194.
YOGESH BARAVALIA, YOGESHKUMAR VAGHASIYA, 2011. Sumitra Chanda.Hepatoprotective effect of Woodfordia fruticosa Kurz flowers on diclofenac sodium induced liver toxicity in rats[J]. Asian Pacific Journal of Tropical Medicine,4(5): 342-346.

拉丁学名索引

A

B

C

D